U0831190

特高压混合直流输电技术问答

主　编　吕习超　胡付有
副主编　余敬冬　陆小剑　黄一钊

中国电力出版社
CHINA ELECTRIC POWER PRESS

内 容 提 要

本书依托乌东德电站送电广东广西特高压多端直流示范工程（简称昆柳龙直流工程），对相关技术理论、设备原理以及工程典型问题进行了必要的总结和介绍。

本书共八章，主要包括基本知识、常规直流输电换流技术、柔性直流输电换流技术、±800kV 多端 LCC－MMC 混合直流输电技术、±800kV 多端 LCC－MMC 混合直流输电系统一次主设备、±800kV 多端 LCC－MMC 混合直流输电系统控保主设备、换流站辅助系统以及特高压多端混合直流典型故障。

本书可供直流输电领域的专业技术人员学习使用。

图书在版编目（CIP）数据

特高压混合直流输电技术问答 / 吕习超，胡付有主编. —北京：中国电力出版社，2022.12
ISBN 978-7-5198-6122-3

Ⅰ. ①特… Ⅱ. ①吕… ②胡… Ⅲ. ①特高压输电–混合输电–直流输电–问题解答 Ⅳ. ①TM723-44

中国版本图书馆 CIP 数据核字（2021）第 268504 号

出版发行：中国电力出版社
地　　址：北京市东城区北京站西街 19 号（邮政编码 100005）
网　　址：http://www.cepp.sgcc.com.cn
责任编辑：肖　敏　刘子婷
责任校对：黄　蓓　于　维
装帧设计：张俊霞
责任印制：石　雷

印　　刷：望都天宇星书刊印刷有限公司
版　　次：2022 年 12 月第一版
印　　次：2022 年 12 月北京第一次印刷
开　　本：787 毫米×1092 毫米　16 开本
印　　张：8
字　　数：172 千字
印　　数：0001—1000 册
定　　价：40.00 元

编 委 会

前言 Preface

2010 年以来，我国柔性直流输电技术取得了世界瞩目的成就。南方电网南澳±160kV多端柔性直流输电示范工程、云南电网和南网主网异步联网鲁西背靠背柔性直流输电工程相继投产，2020 年采用了我国原创、世界领先的柔性直流电网技术的张北可再生能源柔性直流电网试验示范工程（简称张北柔直工程）和创造了 19 项世界第一的昆柳龙直流工程相继投产，柔性直流输电已经成为当前世界直流输电的主流和前沿技术。

柔性直流输电技术作为第三代直流输电技术，相比以往常规直流输电技术，具有灵活可控、谐波小、无换相失败、可向无交流电源的负荷点送电等优点，可广泛应用于海上风电、光伏并网发电、长距离大容量高电压直流送电等，对于我国实现 2030 碳达峰、2060 碳中和目标具有重大意义。同时，随着城市配电网规模的不断扩大，对电能的质量以及电网运行的安全性和灵活性也提出了更高的要求，对此，柔性直流输电也是一个良好的解决方案。

本书依托昆柳龙直流工程中柳州换流站的建设、运行经验，同时也参考国内其他柔性直流输电工程的相关运行维护经验，从基本知识、常规直流输电换流技术、柔性直流输电换流技术、±800kV 多端 LCC－MMC 混合直流输电技术、±800kV 多端 LCC－MMC 混合直流输电系统一次主设备、±800kV 多端 LCC－MMC 混合直流输电系统控保主设备、换流站辅助系统、特高压多端混合直流典型故障 8 个方面进行总结和介绍。

本书在编写中得到了南方电网科学研究院有限责任公司韦甜柳、陈钦磊，中国南方电网有限责任公司超高压输电公司甘宗跃、周竞宇，武汉大学曾子安、尚茂林等专家的大力支持和帮助，在此表示感谢。限于作者水平和经验，书中难免存在不妥之处，恳请读者批评指正。

编　者

2022 年 12 月

目录 Contents

前言

第一章　基本知识……1
1. 电能的输送方式有哪些？……1
2. 交流输电和直流输电是如何 PK 百年的？……1
3. 试从输电距离和输电功率两方面分别比较交流输电和直流输电的经济性。……1
4. 我国已建的高压直流输电工程有哪些？……2
5. 我国的高压直流输电是如何发展起来的？……2
6. 高压直流输电系统是由什么构成的？……2
7. 与交流输电系统相比，直流输电有哪些优点？……3
8. 直流输电有哪些缺点？……3
9. 什么是多端直流输电系统？其特点是什么？……3
10. 为什么柔性直流更容易组成多端直流输电网络？……3
11. 什么是柔性直流输电技术？……4
12. 直流输电技术发展历史是怎样的？……4
13. 与常规直流输电技术相比，柔性直流输电技术有什么优缺点？……4
14. 什么是特高压混合直流输电技术？……5
15. 特高压柔性直流输电一般由哪些主要设备构成？……5

第二章　常规直流输电换流技术……6
16. 换流器的定义及其作用是什么？……6
17. 整流和逆变的含义是什么？……6
18. SCR 的工作原理是什么？……6
19. 什么是换相重叠？它是如何产生的？……7
20. 为什么换流器要吸收无功功率？……7
21. LCC 有什么作用？……7
22. LCC 拓扑结构是怎样的？……7
23. LCC 工作原理如何？……8
24. 什么是换相失败？……9
25. 如何计算 LCC 的无功需求？……9

26. LCC 换流站有哪些无功补偿设备？ ……10
27. 在实际利用换流器无功功率轨迹时需要考虑哪些问题？ ……10
28. 实际工程中通常如何利用换流器的无功功率轨迹？ ……10
29. 什么叫最少滤波器组数？ ……11
30. 什么叫绝对最少滤波器组数？ ……11
31. 当无功控制达到最少滤波器组数时该采取怎样的措施？ ……11
32. 常规直流输电系统控制系统如何分层？ ……11
33. 常规直流输电系统保护系统如何分区？ ……12
34. 换流变压器的作用是什么？ ……12
35. 12 脉动换流变压器接线方式有哪些？常规直流输电工程采用什么接线方式，为什么？ ……12
36. 换流变压器与普通变压器有什么区别？ ……13
37. 什么是常规直流换流阀？其基本组成是怎样的？ ……13
38. 为什么换流站要装设交流滤波器？ ……13
39. 根据是否能控制导通和关断可将电力电子器件分成哪些类型？ ……13
40. 根据导电载流子的种类数可将电力电子器件分成哪些类型？ ……14
41. 根据门极驱动信号是电压还是电流可将电力电子器件分成哪些类型？ ……14
42. 晶闸管器件的损耗主要有哪些？ ……14
43. 换流变压器的结构是怎样的？ ……14
44. 换流变压器直流偏磁产生的原因是什么？ ……14
45. 压力释放阀的工作原理是什么？ ……15
46. 直流融冰装置有哪几种运行状态？ ……15
47. 高压直流架空输电线路按结构方式如何分类？ ……15
48. 直流电缆与交流电缆相比有何优势？ ……15
49. 直流接地极的作用是什么？按照安装场所不同分为哪几种？ ……15
50. 高压直流输电采用大地回路有什么优点？ ……15
51. 高压直流输电采用大地回路有什么缺点？ ……16
52. 如何选择接地极的材料？ ……16
53. 简述直流避雷器的工作原理。 ……16
54. 高压直流输电系统对直流避雷器有哪些性能要求？ ……17
55. 什么是谐波？谐波是如何产生的？ ……17
56. LCC 交流侧谐波有什么特性？ ……17
57. LCC 直流侧谐波有什么特性？ ……17
58. 谐波监视系统（OHM）有什么功能？主要监视哪些量？ ……17
59. 导致换流器交流侧非特征谐波产生的因素有哪些？ ……18
60. 导致换流器直流侧非特征谐波产生的因素有哪些？ ……18

61. 选择交流滤波装置时需要考虑哪些因素？……18
62. 如何抑制谐波？……19
63. 交流滤波器的投切优先级是什么？……19

第三章　柔性直流输电换流技术……20
64. MMC 子模块拓扑结构是怎样的？有哪些工作状态？各有什么特点？……20
65. 全桥子模块有哪些工作状态？……21
66. MMC 基波等效电路和等效数学公式是怎样的？……21
67. 子模块电容作用是什么？如何选择电容大小？……22
68. 如何确定半全桥比例？……22
69. 工程设计时，换流站与交流系统无功交换范围的确定原则有哪些？……24
70. MMC 交流侧谐波特征是怎样的？……24
71. MMC 直流侧谐波特征是怎样的？……24
72. MMC 启动充电分为哪些阶段？分别是如何进行充电的？……25
73. 全桥及半桥 MMC 启动不控充电阶段可以分成哪些具体的阶段？……26
74. 全桥及半桥 MMC 启动可控充电阶段有什么区别？……26
75. MMC 在 dq 坐标系下的数学模型如何推导？……27
76. MMC 子模块电容电压平衡控制策略有哪些？……29
77. MMC 内部环流是如何产生的？如何进行抑制？……29
78. 柔性直流换流站定直流电压与直流功率控制原理如何实现？……30
79. 柔性直流换流站定交流电压与定无功功率控制原理如何实现？……31
80. 柔性直流换流站如何实现交流故障穿越？……31
81. 柔性直流换流站如何利用电压下垂控制进行 P/f 和 Q/U 调节？……32
82. 柔性直流换流站启动电阻区域保护原理是什么？……33
83. 柔性直流换流站如何实现直流侧故障隔离？……35
84. MMC 常用的调制方式是什么？如何实现？……35
85. 基于南瑞技术路线的“三取二”保护功能如何配置？单套故障后的逻辑功能如何变化？……36
86. 阀控系统主要实现什么功能？……36
87. 极控制系统中配置的保护性监视功能有哪些，有什么作用？……36
88. 柔性直流换流站换流变压器分接头控制模式有哪些，分别有什么作用？……37
89. 什么叫 MMC 的电压调制比？为什么会出现过调制？过调制有什么现象？……37
90. 为什么全桥型 MMC 具备故障自清除能力？……37
91. 为什么与常规直流相比，柔性直流没有无功补偿的问题？……38

第四章　±800kV 多端 LCC－MMC 混合直流输电技术……39
92. 多端定直流功率控制如何实现？……39

93. 多端定直流电压控制如何实现？……39
94. 多端定直流电流控制如何实现？……40
95. 多端直流线路故障重启控制原理如何实现？……40
96. 多端直流线路发生相继故障时控制策略是怎样的？……41
97. 多端直流功率分配原则是怎样的？……41
98. 多端直流汇流母线保护原理是什么？……42
99. 多端直流输电系统如何实现金属大地转换？……42
100. 半全桥混合拓扑模块比例如何进行最优配置？……44
101. 如何保证高低阀式柔性直流输电系统的稳态与动态性能？……45
102. 多端直流系统中功率调制功能有哪些？……46
103. 无通信情况下 LCC－MMC 多端混合直流输电如何停运？……46
104. MMC 多端混合直流输电系统接线方式有哪些？……47
105. LCC－MMC 多端混合直流输电系统各站间是如何实现投退的？……47
106. LCC－MMC 多端混合直流输电系统高低换流器是如何实现在线投退的？……48
107. LCC－MMC 多端混合直流输电系统的系统级控制主要包含哪些方式？……48
108. 主从控制策略的原理是怎样的？……48
109. 直流电压裕度控制策略的原理是怎样的？……49
110. LCC－MMC 多端混合直流输电系统如何进行绝缘配合？……50
111. 多端 LCC－MMC 混合直流输电系统单站启动顺控流程是怎样的？……50
112. 多端 LCC－MMC 混合直流输电系统两站启动顺控流程是怎样的？……50
113. 多端 LCC－MMC 混合直流输电系统三站启动顺控流程是怎样的？……51
114. 多端 LCC－MMC 混合直流输电系统 STATCOM 启动顺控流程是怎样的？……52
115. 直流稳定（调制）控制有哪些功能？……52
116. 直流功率控制模式可采用哪几种模式？……52
117. LCC－MMC 三端运行时，线路故障都是 LCC 端发起重启，为何还需要故障选线？……52

第五章　±800kV 多端 LCC－MMC 混合直流输电系统一次主设备……53
118. 常规直流和柔性直流换流站的穿墙套管如果能完全互换使用，需要考虑哪些因素？……53
119. 列举±800kV 穿墙套管的结构器件，至少举出 6 种器件。……53
120. 电容芯子作为环氧树脂浸纸电容式穿墙套管的基本结构之一，简述其特点。……53
121. 400kV 的直流穿墙套管的型式试验项目有哪些？……54
122. 换流变压器穿墙套管的常见运行故障有哪些？如何进行处理？……54
123. 穿墙套管的运维项目有哪些？……55
124. 简述直流电压测量装置的基本组成。……55

125. 直流纯光学电流互感器相比于传统的电磁型互感器，有何优点？……………55
126. 简述直流电子式电流互感器的特点。……………………………………56
127. 简述直流电子式电流互感器的空心线圈的作用和工作原理。……………57
128. 简述法拉第磁光效应原理。…………………………………………57
129. 直流纯光式电流测量装置由哪几部分组成，作用分别是什么？…………57
130. 直流电流测量装置的故障应如何处理？………………………………58
131. 基于 MMC 换流阀分别有哪些运维项目？………………………………58
132. 柔性直流换流阀的损耗主要有哪些？…………………………………59
133. 柔性直流换流阀与常规直流换流阀的主要区别是什么？………………59
134. 柔性直流换流阀可自主导通关断带来的优势有哪些？…………………59
135. 柔性直流换流阀的主要结构有哪些？…………………………………59
136. 柔性直流换流阀中高位取能电源的作用是什么？………………………60
137. 柔性直流换流器如何做到单一模块故障不引起闭锁？…………………60
138. 阀冷系统的主要结构有哪些？…………………………………………60
139. 阀冷系统的工艺流程是什么？…………………………………………60
140. 阀冷系统的内冷水温度是否越低越好？………………………………60
141. 阀冷系统的内冷水为什么要排气？……………………………………61
142. 阀冷系统的外冷水加药的目的是什么？………………………………61
143. 阀冷系统的外冷水能否一直循环使用？………………………………61
144. 阀冷系统引起的跳闸因素有哪些？……………………………………62
145. 阀冷系统的反渗透装置作用是什么？…………………………………62
146. 阀冷系统的控制及监视有哪些基本功能？……………………………62
147. 阀冷系统的巡视项目有哪些？…………………………………………63
148. 阀冷系统常见的故障及处理方式有哪些？……………………………64
149. 目前的避雷器为什么主要采用金属氧化物避雷器？……………………64
150. 避雷器的工作原理是什么？……………………………………………65
151. 避雷器的常规试验项目有哪些？………………………………………65
152. 启动电阻的作用是什么？………………………………………………65
153. 启动电阻常见的分类有哪些？…………………………………………65
154. 箱体式和套管式启动电阻各有什么优缺点？……………………………65
155. 启动电阻的选型主要考虑哪些参数？…………………………………66
156. 启动电阻的维护项目有哪些？…………………………………………66
157. 启动电阻的常见故障有哪些，怎样解决？………………………………66
158. 柔性直流换流变压器为什么挡位比常规直流换流变压器少？……………66
159. 柔性直流换流变压器与常规直流换流变压器为何存在差异？……………67
160. 柔性直流换流变压器分接开关调挡工作原理是什么？…………………67

161. 柔性直流换流变压器维护项目有哪些？ ……67
162. 柔性直流换流变压器主要由哪些部件构成？ ……69
163. 桥臂电抗器的作用是什么？……70
164. 桥臂电抗器的结构是怎样的？……70
165. 桥臂电抗器的监造关键点有哪些？……70
166. 桥臂电抗器的维护项目有哪些？……70
167. 桥臂电抗器的发热为什么比较严重？ ……71
168. 平波电抗器的作用有哪些？……71
169. HSS 分闸时的灭弧工作原理是什么？ ……71
170. HSS 的结构是怎样的？ ……72
171. HSS 在多端柔性直流输电系统中的作用是什么？ ……72
172. HSS 运行断开和允许闭合的条件有哪些？ ……73
173. 耦合电容器的作用是什么？……74
174. 耦合电容器的原理是什么？……74
175. 耦合电容器常见故障有哪些？……74
176. 耦合电容器的型式试验项目有哪些？ ……74
177. 基于 LCC 和 MMC 换流技术的换流站一次主设备各有哪些？ ……75
178. 基于 MMC 换流阀工作原理是怎样的？……75
179. 基于 LCC 和 MMC 换流阀在监造时分别需要注意哪些事项？ ……76
180. 基于 LCC 和 MMC 换流阀分别有哪些运维项目？ ……77
181. 柔性直流换流阀中快速旁路开关的作用是什么？ ……78
182. 为什么对柔性直流换流阀旁路开关的触发电路进行双重化冗余设计？ ……78
183. 柔性直流换流阀直流电容器的功能是什么？……79

第六章　±800kV 多端 LCC－MMC 混合直流输电系统控保主设备……80
184. 基于 LCC 和 MMC 换流技术的换流站控保设备有什么区别？ ……80
185. 基于 LCC 换流技术的换流站控保设备有哪些？ ……80
186. 基于 MMC 换流技术的换流站控保设备有哪些？……80
187. 昆柳龙直流工程的直流电压控制是如何实现的？ ……80
188. 昆柳龙直流工程的直流功率控制是如何实现的？ ……81
189. 昆柳龙直流工程无功功率控制的作用是什么？ ……81
190. 昆柳龙直流工程在进入低电压穿越及暂态电压控制期间，无功功率输出有什么要求？……82
191. 昆柳龙直流工程的基本控制模式是怎样的？外特性是怎样的？ ……82
192. 昆柳龙直流工程的控制系统是如何分层的？每一层有什么功能？ ……83
193. 昆柳龙直流工程的保护系统是如何分区的？ ……84

194. 昆柳龙直流工程的直流站控配置有哪些功能？……84
195. 昆柳龙直流工程的直流极控配置有哪些功能？……84
196. 昆柳龙直流工程的换流器控制配置有哪些功能？……85
197. 昆柳龙直流工程的线路及汇流母线保护（DLP）配置有哪些保护功能？……86
198. 昆柳龙直流工程的极保护（PPR）配置有哪些保护功能？……86
199. 昆柳龙直流工程的阀组控制主要实现哪些控制功能？……86
200. 昆柳龙直流工程的阀控保护功能主要有哪些？……87
201. 柳州换流站的 HSS 配置有哪些保护？……87
202. 昆柳龙直流工程大地金属回线转换过程中，各柔性直流站转换开关的分合顺序是怎样配合的？……87
203. 外环功率控制和内环电流控制策略如何实现？……87
204. 某极两套极控系统一套严重故障，另一套极控系统失电时，直流如何闭锁？……88
205. 柔性直流换流阀阀控保护分为哪两大类？……88
206. 柔性直流换流阀阀控桥臂过流保护的原理是什么？……88
207. 柔性直流换流阀阀控冗余告警和冗余用尽保护的作用是什么？……88

第七章　换流站辅助系统……89
208. 换流站站用电结构是怎样的？……89
209. 换流站对站用电的可靠性有什么要求？……89
210. 换流站为什么对站用电的可靠性要求比普通变电站高？……89
211. 换流站 10kV 备自投和 400V 备自投如何配合？……90
212. 倒换站用电后，为什么要对站内设备进行巡视？……90
213. 低压直流系统有哪些电压等级，其作用分别是什么？……90
214. 充电机有哪几种运行方式？……90
215. 充电机有哪些充电程序？……90
216. 蓄电池和充电机是如何带负荷运行的？……90
217. 直流母线电压正常变动范围是多少？……91
218. 正常运行时蓄电池单体电压保持在多少范围内？……91
219. 进入蓄电池室应遵守什么事项？……91
220. 换流站阀冷却系统的原理是什么？……91
221. 阀冷系统主要由哪些设备组成？……91
222. 内冷水离子交换器在阀冷系统中起什么作用？……91
223. 内冷水主回路上为什么要装过滤器？……92
224. 原水罐和补水泵在阀冷系统中的作用是什么？……92
225. 当补水泵频繁启动，应注意什么问题？……92

226. 膨胀罐在阀冷系统中作用是什么？……92
227. 阀冷系统重要的测量值为什么要使用冗余配置？……92
228. 内冷水管道在冷却塔中如何布置？……92
229. 阀冷系统两路动力电源切换如何实现？……92
230. 阀厅内冷水主水路均压电极的作用是什么？……93
231. 阀厅内冷水管道均压电极位置在哪里？……93
232. 直流系统投运前，内冷水系统为什么要提前投入运行？……93
233. 阀厅空调的作用是什么？……93
234. 阀厅空调运行模式是怎样的？……93
235. 阀厅空调系统冷水机组和空气处理机有哪些运行模式？……93
236. 正常情况下，阀厅空调系统冷水机组和空气处理机采用哪种运行模式？……94
237. 阀厅通风及排烟装置是如何工作的？……94
238. 在发生火灾时，消防系统和空调系统如何联动？……94
239. 火灾的分类有哪些？……94
240. 泡沫灭火器适用火灾范围有哪些？……94
241. 干粉灭火器适用火灾范围有哪些？……94
242. 换流站的消防供电应符合哪些规定？……95
243. 换流站火灾应急照明和疏散标志应符合哪些规定？……95
244. 换流站主要建筑物和设备有哪些火灾探测器？……95
245. 换流站的电缆沟或电缆隧道采用哪些防止电缆火灾蔓延的阻燃或分隔措施？……96
246. 换流站换流变压器消防系统自动动作条件是什么？……96
247. 换流站水喷雾灭火系统原理图是怎样的？……96
248. 消防供水系统有哪些设备？……96
249. 消防稳压泵的作用是什么？……97
250. 当接到消防启动信号，消防供水系统如何动作？……97
251. 数据采集与监视控制系统（SCADA）有哪些功能配置？……97
252. SCADA 系统有哪些系统配置？……98

第八章　特高压多端混合直流典型故障……100
253. 交流线路有哪些设备状态？……100
254. 直流线路有哪些设备状态？……100
255. 直流母线有哪些设备状态？……100
256. 联结变压器有哪些设备状态？……101
257. 换流阀有哪些设备状态？……101
258. 换流器有哪些设备状态？……101

259. 单站换流站典型操作任务有哪些？……102
260. 柳州换流站在线投入过程中故障如何进行操作处理？……105
261. 柳州换流站在线退出过程中故障如何进行操作处理？……105
262. 龙门换流站在线投入过程中故障如何进行操作处理？……106
263. 换流站交流侧系统常见故障有哪些？……106
264. 换流站直流侧系统常见故障有哪些？……107
265. 常规直流换流站Y桥阀侧单相接地故障时，保护如何动作？有什么故障特征？……107
266. 常规直流换流站D桥阀侧单相接地故障时，保护如何动作？有什么故障特征？……107
267. 常规直流换流站Y桥阀侧相间故障时，保护如何动作？有什么故障特征？……108
268. 常规直流换流站D桥阀侧相间故障时，保护如何动作？有什么故障特征？……108
269. 常规直流换流站高压换流器桥臂短路时，保护如何动作？有什么故障特征？……108
270. 常规直流换流站低压换流器桥臂短路时，保护如何动作？有什么故障特征？……109
271. 柔性直流换流站高端换流器换流变压器网侧单相接地故障时，保护如何动作？……109
272. 柔性直流换流站低端换流器换流变压器网侧单相接地故障时，保护如何动作？……109
273. 柔性直流换流站高端换流器换流变压器网侧两相故障时，保护如何动作？……109
274. 柔性直流换流站高端换流器换流变压器阀侧两相故障时，保护如何动作？……110
275. 柔性直流换流站低端换流器换流变压器阀侧两相故障时，保护如何动作？……110
276. 柔性直流换流站高端换流器换流变压器阀侧单相接地故障时，保护如何动作？……110
277. 柔性直流换流站低端换流器换流变压器阀侧单相接地故障时，保护如何动作？……110
278. 柔性直流换流站高端换流器换流变压器阀侧三相短路故障时，保护如何动作？……110
279. 柔性直流换流站低端换流器换流变压器阀侧三相短路故障时，保护如何动作？……111
280. 阀侧高压直流母线接地故障时，保护如何动作？有什么故障特征？……111

281. 直流线路侧高压直流母线接地故障时，保护如何动作？有什么故障特征？……111
282. 中性母线接地故障时，保护如何动作？有什么故障特征？……111
283. 接地极母线接地故障时，保护如何动作？有什么故障特征？……112
284. 汇流母线接地故障时，在不同条件下，保护如何动作（至少列举四种情况）？……112

第一章 基 本 知 识

1. 电能的输送方式有哪些?

电能有直流输电和交流输电两种输送方式。直流电是指大小、方向都不随时间变化的电流；交流电是指大小、方向会随时间改变的电流。直流输电是以直流电流传输电能，交流输电是以交流电流传输电能。

2. 交流输电和直流输电是如何 PK 百年的?

100 多年前，直流电是主流，当时主要的电能动力设备——电动机，使用的都是直流电。大家都知道，爱迪生发明了电灯，但在发明了电灯之后，如何将电从发电厂送到街区、大楼，乃至居民住宅成为接下来的问题。如果采取直流输电方式，线路上的热损耗太高，不能实现远距离输电（当时的极限距离大约只有 1km），升高或降低直流电压还需要复杂的电路。特斯拉发明了以交流发电机供电的三相交流供电系统，使用变压器以高电压、低电流的方式输电，大大降低了输电线路上的热损耗，不仅可以远距离传输，还可以通过变压器方便地升压和降压，能够更有效地传输电能。最终，特斯拉支持的交流电占据了主导地位并统治了一个世纪。现在工农业生产和人们日常生活中大多使用的是交流电。

100 年前的交直流之争，交流战胜了直流。此后，交流输电成为主要的输送方式。随着电力电子技术的发展，人们现在又开始采用直流超高压输电，但这并不是简单地恢复到爱迪生时代的那种直流输电。发电厂发出的电和用户用的电仍然是交流电，只是在远距离输电中，采用换流设备，把交流高压变成直流高压。这样做可以把交流输电用的三条电线减为两条，不仅大大节约了输电导线，还保证了电能的大功率、远距离传输。

3. 试从输电距离和输电功率两方面分别比较交流输电和直流输电的经济性。

从输电距离来看，直流输电的投资大部分在换流站上，当输送的容量确定之后，换流站规模随之确定，投资也基本固定下来，输送距离增加时，只与线路造价有关，而不需要额外增设换流站；交流输电与之相反，随着输电距离的增加，需要增设中间开关站来解决稳定问题和过电压问题，因此交流输电的投资受输电距离影响更大。

从输送功率来看，直流输电的功率损耗远小于交流输电。增加输送功率时，直流输电可以采用增大导线截面积、提高电压等级等办法，而交流输电通常采用增加回路数的办法，但如今输电走廊紧张，这个方法实现起来越发的困难。

4. 我国已建的高压直流输电工程有哪些?

我国已经建成的主要高压直流输电工程有舟山直流输电工业性试验工程、葛洲坝—上海±500kV 高压直流输电工程、宝鸡—德阳±500kV 直流输电工程、楚雄—穗东±800kV 特高压直流输电工程、宁东—山东±660kV 直流输电示范工程、锦屏—上海±800kV 特高压直流输电工程、普洱—侨乡±800kV 特高压直流输电工程、新松—东方±800kV 特高压直流输电工程、昆北—柳州—龙门±800kV 特高压混合直流输电工程等。

5. 我国的高压直流输电是如何发展起来的?

我国高压直流输电技术起步于 20 世纪 80 年代，我国第一个高压直流输电工程——舟山直流输电工业性试验工程，是完全自主完成的。不过，一个容量只有 50MW 的工程，就花了十年的时间才摸索完成其中一个极，要想完成当时“西电东送”“南北互供”“全国联网”等重大使命，光靠自己是不够的，需要引进国外技术，消化吸收后再进行国产化，才能满足战略需要。

之后，天生桥—广州±500kV 高压直流输电工程、葛洲坝—上海±500kV 高压直流输电工程等中外合作工程的完成，在满足当时战略需求的同时，也暴露出这种模式下一个很大的弊端：核心技术没有掌握，建设成本价格被垄断，运维成本越来越高。这更加坚定了我国加快技术吸收、早日实现国产化的决心。

从舟山直流输电工业性试验工程、葛洲坝—上海±500kV 高压直流输电工程到后来的天生桥—广州±500kV 高压直流输电工程等，我国从完全自主研发，到引进国外技术、消化吸收，再到国产化，取得了高压直流输电技术的飞速进步。在这十年时间里大幅度缩小了中国电力工业和国际电力工业水平的差距。随着中国大量直流工程的建设和投产，中国直流设备已经实现了百分百国产化。特别是创造 19 项世界第一的昆柳龙直流工程建成投运，标志着我国高压直流输电技术已经占据了世界领先地位。

6. 高压直流输电系统是由什么构成的?

高压直流输电系统通常由送端交流系统、换流站、直流输电线路、逆变站、受端交流系统 5 部分构成。

7. 与交流输电系统相比，直流输电有哪些优点?

（1）当同等距离输送功率相同时，线路造价低。

（2）两端交流电力系统不需要同步运行，输电距离不受电力系统同步运行稳定性的限制。

（3）由于直流线路电流和功率的调节比较容易而且迅速，可实现各种调节、控制。

（4）用以实现不同频率或相同频率交流系统之间的非同步联系，既可得到联网的技术经济效益，又可避免大面积停电事故的发生。

（5）在导线几何尺寸和电压有效值相等的条件下，电晕无线电干扰较小。

（6）线路在稳态运行时没有电容电流，沿线电压分布较平稳。

（7）每个极可以作为一个独立回路运行，可靠性比交流系统更高。

8. 直流输电有哪些缺点?

（1）换流器较贵，且传统直流运行中需要较多的无功功率，并需装设滤波装置，过载能力也较小。

（2）目前尚无适用的直流高压断路器，对发展多端电网有一定影响。

（3）以大地作为回流电路时，会引起沿途金属构件和管线的腐蚀。

9. 什么是多端直流输电系统? 其特点是什么?

多端直流输电系统是指三个及以上换流站通过一定联结方式构成的输电系统。

特点如下：

（1）当其中的一个换流站退出运行，其他换流站之间仍然可以交换功率。它在功率协调控制下，只是系统的平衡工作点发生了转移，并不会像两端直流输电系统那样必须停机。

（2）多端直流输电系统能够实现多点供电以及多点受电。它并不是两端直流输电进行简单的叠加，一般多端直流输电的拓扑结构包括串联、混联、放射式并联和环网式并联。

10. 为什么柔性直流更容易组成多端直流输电网络?

柔性直流输电工程中，柔性直流换流站可灵活的实现自主关断，无须交流系统提供换向电压，即不需要无功支持，并且稳态运行时可以实现独立有功功率与无功功率控制，还能动态补偿交流系统无功缺额，稳定交流系统电压。

柔性直流换流站可以快速控制交流电流，它并不会增加系统的短路容量，可以从现有的传输系统直接轻松构建出新的多端直流输电系统或者交直流混合输电系统。

11. 什么是柔性直流输电技术?

柔性直流输电技术是指基于电压源换流器（voltage source converter，VSC）的高压直流输电技术（HVDC）。ABB 公司称其为“HVDC Light”，西门子公司称其为“HVDC Plus”，国际权威电力学术组织称其为“VSC-HVDC”。

12. 直流输电技术发展历史是怎样的?

高压直流输电技术从 20 世纪 20 年代开始出现。随着换流器换流元件的革命性发展，先后经历了 3 次技术革新。

第一代：世界上第一个直流输电工程，即瑞典本土与哥特兰岛之间的 20MW 100kV 海底直流电缆输电工程，于 1954 年投入运行，这标志着第一代直流输电技术的诞生。这一代直流输电技术采用汞弧阀作为换流元件，换流器拓扑是 6 脉动 Graetz 桥。

第二代：晶闸管阀从 20 世纪 70 年代初开始应用于直流输电，这标志着第二代直流输电技术的诞生。第二代直流输电技术采用晶闸管（SCR）作为换流元件，换流器拓扑未发生改变，因而其换流理论与第一代直流输电技术相同。

第三代：20 世纪 90 年代初，基于可控关断器件和脉冲宽度调制（PWM）技术的 VSC 开始应用于直流输电，这标志着第三代直流输电技术，即柔性直流输电技术已出现。对这种直流输电技术的命名见第 11 题。

13. 与常规直流输电技术相比，柔性直流输电技术有什么优缺点?

（1）由于采用了 VSC，柔性直流输电技术在运行性能上极大的优于传统直流输电技术。优点主要有以下几个方面：

1）没有无功补偿问题。与传统直流输电不同，柔性直流输电的换流器不需要交流侧提供无功功率，而且本身就可以起到静止同步补偿器（STATCOM）的电压支撑作用。

2）没有换相失败问题。传统直流输电受端逆变器在受端交流系统发生故障时，很容易发生换相失败，中断功率的输送。而柔性直流输电的换流器采用的是可关断器件，没有换相失败问题，即便受端交流系统发生严重故障，只要换流站交流母线处电压不为零，就能继续输送功率。

3）可以为无源系统供电。柔性直流输电的换流器可以实现自换相，不需要外加换相电压就能工作在无源逆变状态，因此受端系统可以是无源网络，跨越了传统直流输电受端必须是有源网络的限制，可利用柔性直流输电为孤立负荷送电。

4）可以实现有功和无功的独立调节。传统直流输电的换流器只有一个控制自由度，即导通角 α，不能同时独立控制无功功率和有功功率。而柔性直流输电的电压源换流器具有两个控制自由度，基波标量 $\dot{U}_{VSC}$ 的幅值 U_{VSC} 和相位 δ 都是可控的，可以实现有功功率和无功功率的独立调节。

5）谐波水平低。两电平或三电平换流器采用的是 PWM 技术，开关频率比较高，谐波落在相对较高的频段，采用较小容域的滤波器就可以解决谐波问题；而模块化多电平换流器（MMC）的电平数通常较高，一般不采用滤波器就能满足谐波要求。

6）潮流反转方便迅速。柔性直流输电在不改变直流电压极性的前提下，仅改变直流电流的方向就可以实现潮流反转，电路结构和控制系统都可以保持原样，而整个换相过程只需要几毫秒。同时，无功功率控制可保证无功功率交换的稳定。因此构成的并联多端直流系统可靠性高、潮流控制方便。

7）占地面积小。柔性直流输电换流站不需要大量的无功补偿和滤波装置，且组成部分可以任意安排在合适的位置。因此，占地面积比传统直流输电要少得多，通常为传统直流输电的 20%左右。

（2）相对的，柔性直流输电也存在以下缺点：

1）损耗较大。传统直流输电换流站功率损耗低于系统功率的 0.8%，而柔性直流输电损耗相对较大。其中，两电平和三电平 VSC 的损耗在 2%左右，MMC 的损耗略低于 1.5%。

2）设备成本较高。根据目前市场价格，柔性直流输电单位容量的设备投资成本比传统直流输电要高。

3）系统运行稳定性和可靠性有待验证。柔性直流输电实际工程应用时间较短，相对传统直流输电来说技术还不算成熟，系统的稳定性和安全性需要时间的考验以及工程运行数据的验证。

14. 什么是特高压混合直流输电技术?

在直流系统中，±800kV 及以上的电压等级称为特高压；而混合直流输电技术就是指将电网换相换流器（LCC）与 VSC 通过不同的接线方式和拓扑形式进行组合，即采用“常规特高压直流”与“柔性特高压直流”混合组成直流输电系统，应用于特高压直流输电系统中的混合直流输电技术即为特高压混合直流输电技术。

15. 特高压柔性直流输电一般由哪些主要设备构成?

特高压柔性直流输电是新一代直流输电技术，其两端的换流站均采用 VSC 结构，它由换流阀、换流变压器、直流电抗器、启动电阻、桥臂电抗器等设备构成。

第二章　常规直流输电换流技术

16. 换流器的定义及其作用是什么?

换流器是在换流站中实现交、直流电能相互转换的设备。将交流电转换为直流电的叫整流器，而将直流电转换为交流电的叫逆变器，它们统称为换流器。整流器和逆变器的设备基本相同，只是控制模式与运行工况不同。当触发角小于 90° 时，换流器运行于整流工况，叫整流器；当触发角大于 90° 时，换流器运行于逆变工况，就叫逆变器。

换流器的作用是完成交流—直流或直流—交流的转换过程。

17. 整流和逆变的含义是什么?

目前电力系统中的发电和用电绝大部分是交流电，要采用直流输电必须进行交直流转换，这个转换过程称为换流。其中，将交流电转换为直流电的过程称为整流，将直流电转换为交流电的过程称为逆变。

18. SCR 的工作原理是什么?

SCR 的工作原理如图 2-1 所示。在断开状态，SCR 能阻断正向电流，其伏安特性的关断状态段如图 2-1（b）所示。

当 SCR 处于正向闭锁状态时，通过向门极（G）施加瞬时的或持续的电流脉冲，能触发 SCR 导通，产生如图 2-1（b）所示的伏安特性导通段。导通时的正向电压降只有几伏（典型值为 1～3V，取决于 SCR 闭锁电压的额定值）。

一旦 SCR 开始导通，它就被钳住在导通状态，此时门极电流可以取消。SCR 不能被门极关断，直到电流降至零和有反向偏置电压作用在 SCR 上时，它才会截止。当 SCR 再次进入正向阻断状态后，允许门极在某个可控的时刻将 SCR 再次触发导通。

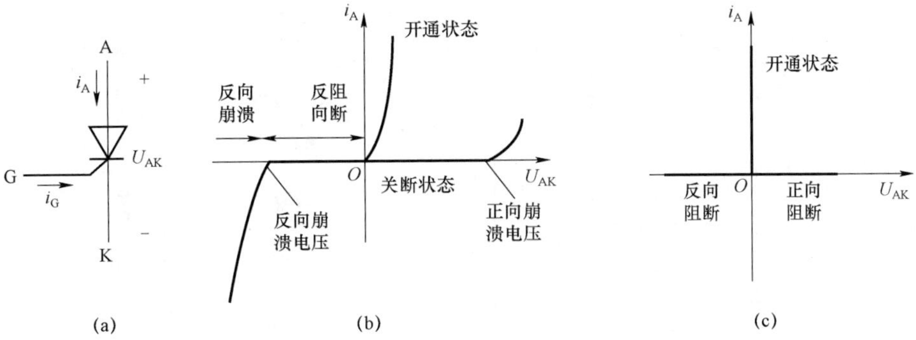

图 2-1　SCR 工作原理图

（a）SCR 符号；（b）SCR 伏安特性；（c）SCR 理想工作特性

19. 什么是换相重叠？它是如何产生的?

直流电流换相过程中，释放电流的相和接收电流的相同时承载电流，这叫作换相重叠。

由于换流变压器的漏磁电感只允许有限的电流变化陡度 di/dt，所以换相过程不可能瞬间完成，而是需要一定的时间，在这个时间之内释放电流的相和接收电流的相将会同时承载电流，由此产生了换相重叠。

20. 为什么换流器要吸收无功功率?

在换流过程中，由于触发角 α 的存在，以及换流回路中电感因素导致的交流侧换相角 μ 的滞后，会导致换流阀交流侧的交流电流滞后于交流电压，因此对于交流系统来说，换流器总在吸收无功功率。

21. LCC 有什么作用?

LCC 即电网换相换流器，根据需要可以把交流电变成直流电，也可以把直流电变成交流电。

22. LCC 拓扑结构是怎样的?

LCC 有两种典型的拓扑结构：6 脉动桥和 12 脉动桥。

图 2-2（a）为典型 6 脉动整流电路——三相桥式全控整流电路的拓扑结构。由两个三相桥式全控整流电路并联联结可以得到如图 2-2（b）所示的 12 脉动整流电路，其中，L_p 为平衡电抗器，可以平衡各组整流器的电流。

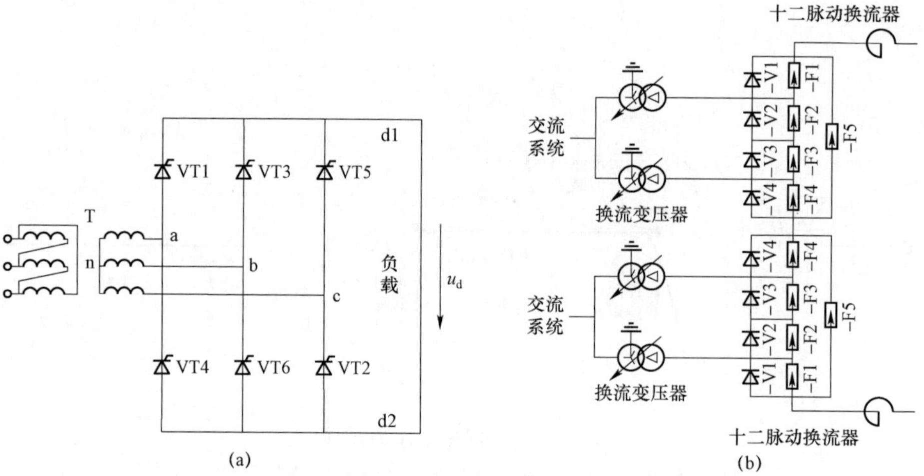

图 2-2　LCC 拓扑电路

（a）三相全控桥式整流电路；（b）并联多重联结的 12 脉动整流电路

23. LCC 工作原理如何?

以图 2-2（a）所示的三相桥式整流器为例，负载为电阻性负载。当 SCR 导通角 $\alpha=0°$ 时，工作波形如图 2-3 所示。其中 VT1、VT3、VT5 称为共阴极组，VT2、VT4、VT6 称为共阳极组。此时换相情况完全遵循于三相电压，即共阴极组中交流电压最高者导通，共阳极组中电压最低（或者反向最高）者导通，导通的两个 SCR 通过负载形成回路。这样负载电压就能保证始终为正值，即为直流。经分析可以发现，SCR 导通的顺序为 VT1－VT2－VT3－VT4－VT5－VT6。

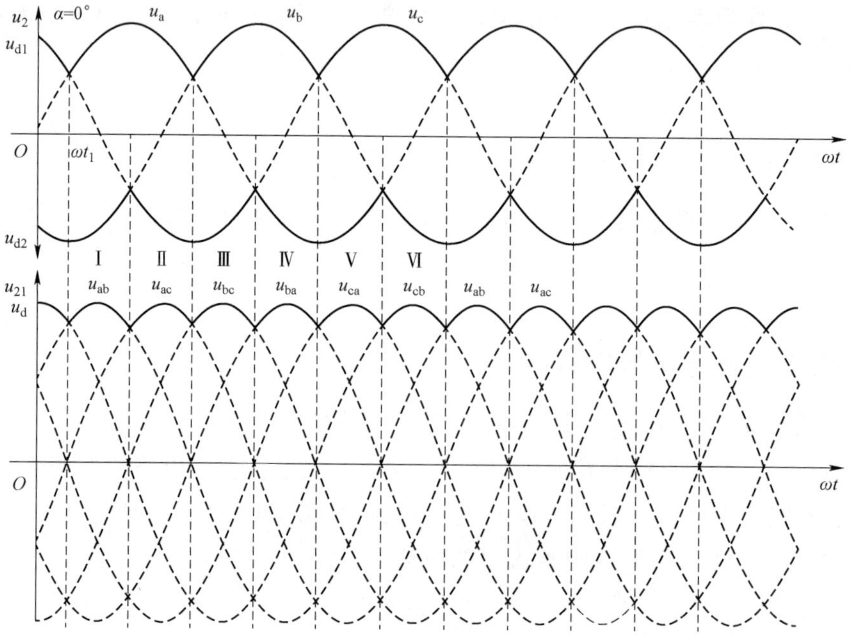

图 2-3　$\alpha=0°$ 时的工作波形

当导通角$\alpha=30^\circ$时，工作波形如图 2-4 所示。可以看到，此时 SCR 导通时刻向后延迟了 30°，而对应的u_d波形也延迟 30°，进而使电压u_d平均值减小了。波形的其他特点与图 2-3 情况类似。当$\alpha\geqslant60^\circ$时，u_d波形将开始出现零值，当α增大到 120°，电压u_d波形将全部为 0。即电阻性负载时，三相桥式全控整流电路的导通角α移相范围为 0°～120°。

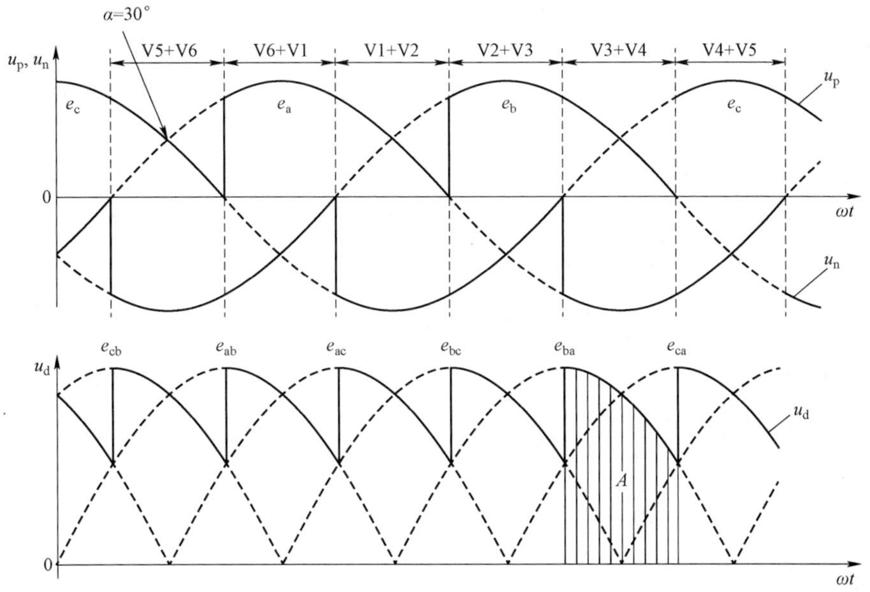

图 2-4　$\alpha=30^\circ$时的工作波形

当负载为阻感性负载时，以及逆变电路的工作原理又有不同，感兴趣的读者可参考王兆安等著的《电力电子技术》等图书进行更深入的学习。

24. 什么是换相失败?

在换流器的两个阀进行换相时，如果晶闸管在承受反向电压的时间里没能恢复阻断能力，那么当该阀再次承受正向电压时就会立即重新导通，使应该关断的阀导通，而应该导通的阀关断，这种现象叫换相失败。

25. 如何计算 LCC 的无功需求?

常规直流系统中，LCC 换流站需要吸收无功功率来实现换流，其消耗的无功功率为：

$$Q=P\tan\varphi \tag{2-1}$$

式中：P为换流器直流侧的功率；φ为其功率因数角。

$$\tan\varphi = \frac{(\pi/180)\mu - \sin\mu\cos(2\alpha+\mu)}{\sin\mu\sin(2\alpha+\mu)} \tag{2-2}$$

$$\mu = \arccos[U_d / U_{dio} - (X_c/\sqrt{2})(I_d/E_{11})] - \alpha \tag{2-3}$$

$$U_d / U_{dio} = \cos\alpha - (X_c/\sqrt{2})(I_d/E_{11}) \tag{2-4}$$

式中：μ 为换流器的换相重叠角；α 为整流器的触发延迟角；X_c 为每相换相电抗；U_d 为极直流电压；U_{dio} 为换流器理想状态下空载直流电压；I_d 为直流运行电流；E_{11} 为换流变压器阀侧绕组空载电压的有效值。

逆变站所消耗的无功功率计算方式相同，只用把式（2-1）中的 φ 改成 γ（逆变侧的关断角）即可。

可以看到，换流器吸收的无功功率同时受系统有功和运行参数的影响，受参数中的关断角 γ 和触发角 α 的影响尤其大。

26. LCC 换流站有哪些无功补偿设备?

（1）电力电容器。

（2）同步调相机。

（3）静止补偿器：

1）用直流控制的饱和电抗器。

2）自饱和的电抗器。

3）由可控的电抗器和电容器组成，并把它们做成渐变和分组可控的装置。

27. 在实际利用换流器无功功率轨迹时需要考虑哪些问题?

所谓换流器的无功功率运行轨迹，是指换流器吸收的无功功率随换流功率的变化曲线。

需要考虑两方面的问题：

（1）设备额定值和运行参数的限制。主要考虑换流器受绝缘配合限制而允许的最大理想空载运行电压，受换流变压器分接头范围限制而可能达到的最小理想空载运行电压；由于 SCR 元件触发一致性要求而允许的最小触发角限制；由于换流阀冷却要求而允许的最大长期稳态运行触发角限制；由于防止逆变器换相失败而要求的最小稳态关断角限制；受换流阀和其他主回路设备限制而允许的最大稳态运行电流的限制等。

（2）参变量的改变。主要是交流母线电压的变化和换流变压器分接头的改变。

28. 实际工程中通常如何利用换流器的无功功率轨迹?

（1）对于正常的运行区域，尤其是换流功率接近额定直流功率的区域，需要采用各种可能的控制方式，使得换流器消耗的无功功率最小。对于逆变器，采用定关断角控制方式最容易达到这一目的。当采用定整流侧直流电压时，一般需要配备合理的换流变压器抽头控制，以保证正常运行时逆变器关断角不超过一定的值。整流器通常采用定电流控制，为了既保证整流器不轻易失去定电流控制的能力，又尽可能地减少无功消耗，需配备换流变压器抽头控制，使整流器触发角尽可能小。

（2）当换流器运行功率远小于额定功率时，基于滤波的要求，需要投入一定的滤波器，使得换流站无功功率过剩，因而需要换流器多吸收无功功率；当交流系统较弱，对换流站不平衡无功功率特别敏感时，需要利用换流器进行无功功率控制，此时最大触发角常常是主要的限制因素。

29. 什么叫最少滤波器组数?

所谓最少滤波器组数，是指根据离线交流滤波器的设计结果，在对应运行方式和运行功率水平下所必须投入的滤波器组数及其组合形式，否则将不能保证滤波效果达到工程规范中所规定的滤波性能要求。

30. 什么叫绝对最少滤波器组数?

所谓绝对最少滤波器组数，是指根据离线交流滤波器的设计结果，在对应运行方式和输送水平下必须投入的滤波器组数和类型组合。少于这一组数，将使得滤波器运行应力超过其元件的稳态额定值，并造成滤波器过负荷。

31. 当无功控制达到最少滤波器组数时该采取怎样的措施?

对于大多数直流输电工程，当无功控制达到最少滤波器组数时，将发出报警信号；而当达到绝对最少滤波器组数时，将需要采取一定的控制行动：① 对于要求切除滤波器的命令，拒绝执行；② 强行投入一组必需的滤波器；③ 如果需要投切的滤波器都不可用，将直流输送功率强行降低到可用滤波器组合对应的最小功率；④ 在发出上述命令的同时，发出告警信号。

32. 常规直流输电系统控制系统如何分层?

现代直流输电控制系统一般设有 6 个层次等级，从高层次等级至低层次等级分别为：系统控制级、双极控制级、极控制级、换流器控制级、单独控制级和换流阀控制级。直流输电控制系统的分层结构如图 2–5 所示。

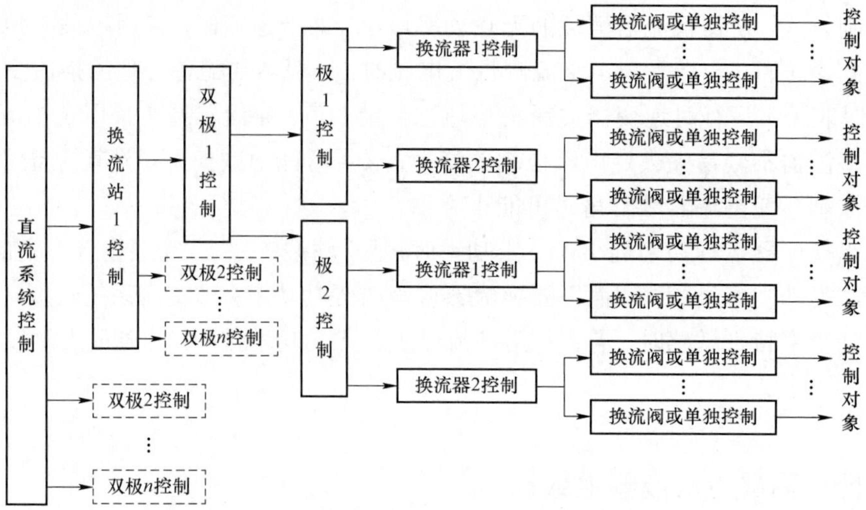

图 2–5　直流输电控制系统分层结构图

33. 常规直流输电系统保护系统如何分区?

直流系统保护采取分区配置，通常将直流侧保护、交流侧保护和直流线路保护 3 大类，分为 7 个保护分区：

（1）换流器保护区，包括换流器及其连线和控制保护等辅助设备。

（2）极区保护区，包括极母线上的相关的设备。

（3）双极区保护区，包括中性母线保护区及接地极引线和接地极保护区。

（4）换流变压器保护区，包括换流变压器及其阀侧连线。

（5）交流滤波器保护区，包括交流滤波器母线保护。

（6）直流线路保护区。

（7）直流滤波器保护区。

34. 换流变压器的作用是什么?

换流变压器是高压直流输电系统中最重要的设备之一，它处于交流系统与直流系统互相变换的核心位置，换流变压器与换流阀一起实现交流电与直流电之间的相互转换。它可以改变电压、对交直流进行电气隔离，另外换流变压器阻抗可以限制阀臂短路和直流母线短路的故障电流，防止换流阀遭损坏。

35. 12 脉动换流变压器接线方式有哪些? 常规直流输电工程采用什么接线方式，为什么?

为了得到换流变压器阀侧绕组的电压相位相差 30°，换流变压器阀侧绕组的接线方式必须一个为星形接线，另一个为三角形接线。换流变压器可以选择三相结构或单相结构。因此，对于一组 12 脉动换流单元的换流变压器，可以有 4 种选择方案：① 1 台三相三绕组变压器；② 2 台三相双绕组变压器；③ 3 台单相三绕组变压器；④ 6 台单相双绕组变压器。

大部分常规直流输电工程均采用每极一组基本换流单元的接线方式，因为这种接线方式换流站所需要的设备数量最少，运行成本最低，运行可靠性也最高。

36. 换流变压器与普通变压器有什么区别？

换流变压器是指换流器所用的电力变压器，它利用两侧的磁耦合传送功率，并实现交直流的电气隔离。在结构上它和普通的电力变压器基本一样，但是由于换流变压器的运行与换流器的换相所造成的非线性密切相关，所以在漏抗、绝缘、谐波、直流偏磁、有载调压和试验等电气特性上与普通电力变压器有很大的不同。

37. 什么是常规直流换流阀？其基本组成是怎样的？

常规直流换流阀，即 SCR 换流阀，是换流站的核心设备，其通过定时导通和关断实现交流变直流的功能。

换流阀的基本组成单位为 SCR 元件；15 个 SCR 元件与 2 台阀电抗器串联后，再与 1 只均压电容器并联构成 1 个 SCR 阀段；2 个阀段串联后构成 1 个换流阀模件，2 个模件串联构成 1 个换流阀（也称换流臂、桥臂）；2 个换流阀串联构成 1 个二重阀，即 1 座阀塔；单个阀组由 6 座阀塔构成。

38. 为什么换流站要装设交流滤波器？

由于触发角的存在，换流器换流过程中总会消耗无功功率，因此对于交流系统来说换流器总是一个无功负荷，需要进行无功补偿；又因为换流时会产生谐波，危害电力系统，因此需要进行滤波。所以，换流站总会配置交流滤波器用以无功补偿并滤除谐波。

39. 根据是否能控制导通和关断可将电力电子器件分成哪些类型？

可以分为不控型器件、半控型器件和全控型器件。

（1）不控型器件：无控制极，器件的导通与关断由器件在主电路中承受的电压和电流决定，正偏置导通、反偏置关断，如电力二极管（D）。

（2）半控型器件：控制极（门极）只能控制导通而不能控制关断，器件的关断由其在主电路中承受的电压和电流决定，如 SCR。

（3）全控型器件：控制极（门极或基极或栅极）既能控制导通又能控制关断，如门极可关断晶闸管（GTO）、电力晶体管（GTR）、绝缘栅双极晶闸管（IGBT）、金属氧化物场效应管（MOSFET）及其他新型场控器件场效应控制晶闸管（MCT）、集成门极换流晶闸管

(IGCT)、静电感应晶体管（SIT）、静电感应晶闸管（SITH）、智能功率模块（IPM）等。

40. 根据导电载流子的种类数可将电力电子器件分成哪些类型?

可以分为单极型器件、双极型器件和复合型器件。

（1）单极型器件：参与导电的载流子只有一种，如 MOSFET、SIT 等。

（2）双极型器件：参与导电的载流子有两种，如二极管、SCR、GTO、GTR、IGCT、SITH 等。

（3）复合型器件：由 MOSFET 与晶体管、SCR 复合而成，如 IGBT、IPM、MCT 等。

41. 根据门极驱动信号是电压还是电流可将电力电子器件分成哪些类型?

可以分为电压控制型器件和电流控制型器件。

（1）电流控制型器件：如 SCR、GTO、GTR、IGCT、SITH 等。

（2）电压控制型器件：如 MOSFET、IGBT、IPM、SIT、MCT 等。

42. 晶闸管器件的损耗主要有哪些?

（1）通态损耗：导通时器件上有一定的通态压降。

（2）断态损耗：阻断时器件上有微小的断态漏电流流过。

（3）开关损耗：

1）开通损耗。在器件开通的转换过程中产生的损耗。

2）关断损耗。在器件关断的转换过程中产生的损耗。

43. 换流变压器的结构是怎样的?

一般换流变压器按结构可分为三相三绕组式，三相双绕组式，单相双绕组式和单相三绕组式 4 种。

以昆北换流站为例，全站所采用的换流变压器为单相双绕组变压器。其结构示意如图 2-6 所示。

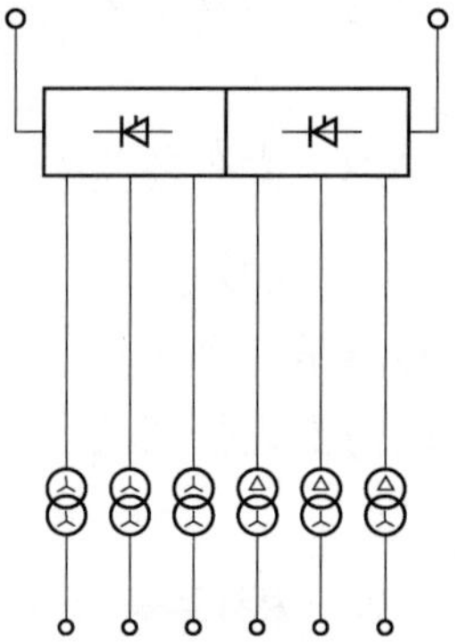

图 2-6　单相双绕组变压器结构示意图

换流变压器主要由绕组、铁芯、油箱、储油柜、呼吸器、套管及套管 TA、分接开关、气体继电器、温度计、滤油机、防爆管、散热器等构成。

44. 换流变压器直流偏磁产生的原因是什么?

（1）触发角不平衡。

（2）换流器交流母线上的正序二次谐波电压。

（3）在稳态运行时由并行的交流线路感应到直流线路上的基频电流。

（4）单极大地回线方式运行时由于换流站中性点电位升高所产生的流经变压器中性点的直流电流。

45. 压力释放阀的工作原理是什么?

正常情况下，弹簧将阀压住，当换流变压器本体或有载调压开关油箱的油压大于这个弹簧施加的压力时，油就会喷出，压力释放阀就动作，发出告警信号或直流跳闸信号。当油压小于弹簧施加的压力时，压力释放阀就会回归原位，有的压力释放阀需人工复位。

46. 直流融冰装置有哪几种运行状态?

直流融冰装置共有接地、停运、备用、闭锁、解锁 5 种运行状态。

47. 高压直流架空输电线路按结构方式如何分类?

高压直流架空输电线路按结构方式，分为以下 3 种类型：

（1）单极线路。只有一根极导线，以大地或海水作为回流电路。

（2）同极线路。具有两根同极性导线，以大地或海水作为回流电路。

（3）双极线路。具有不同极性的导线，以大地或海水作回流电路。

48. 直流电缆与交流电缆相比有何优势?

在很多场合下必须采用直流电缆，如需要跨越海峡或解决架空线路走廊用地问题等。与交流电缆相比，直流电缆具有如下优势：

（1）由于电缆的电容相当大，因此交流下的电容电流也比较大，当敷设的电缆长度超过一定数值（35～40km）时，如果交流输电必然出现电容电流占用电缆线芯的全部有效负荷能力，直流输电则不存在这个问题。

（2）电缆在直流电压作用下的绝缘强度几乎等于交流电压下的三倍，所以同样一根电缆用于直流输电，其工作电压可以比交流输电时高得多，输电容量亦相应增大。

49. 直流接地极的作用是什么? 按照安装场所不同分为哪几种?

直流接地极为直流单极运行时提供运行电流通路，双极运行时提供双极不平衡电流通路，金属回线运行时可用于钳制系统电位。

接地极按照安装场所应分为站外接地极和站内临时接地极。

50. 高压直流输电采用大地回路有什么优点?

（1）与金属回路相比，相同长度的大地回路电阻更低、损耗更小，投入的成本更少。

（2）采用大地回路建设输电线路时工程灵活性更强，便于扩建，如早期可用单极大地回路方式建设，后期再扩建成双极回路运行。

（3）双极回路运行时，当单极线路检修或故障，就可以投入大地回路，保证一半或以上的电力继续进行传输，提高了可靠性。

51. 高压直流输电采用大地回路有什么缺点？

（1）接地电极的材料、结构和埋设方式必须因地制宜加以选择、设计和施工，其中有不少技术问题还须加以研究。

（2）在接地电极附近产生可能会危及人、畜、鱼类的危险电位梯度。

（3）地中电流会对地下金属物体（特别是电缆、水油气管道等伸长物体）电解腐蚀。

（4）地中电流对其他电系统（例如交流电力系统、通信系统等伸长物体）的干扰影响。

（5）海底电缆的电流对磁罗盘读数的影响。

（6）回流电流对鱼群等水生物的影响。

52. 如何选择接地极的材料？

用作接地极的材料必须具有良好的电气性能（如电导率）及物理性质（如对机械损害和电化腐蚀的耐受能力）。通常，接地极材料可分为可溶性材料（如铁、铜、铝等金属材料）、难溶性材料（如石墨、高硅铁类合金）和不溶性材料（如铂、镀铂钛）3 大类，具体材料分析如下：

（1）不溶性金属材料具有很高的耐蚀性，但由于价格昂贵很少在直流输电中采用。

（2）普通钢铁（如低碳钢）由于价格低廉，曾获得广泛的应用，但作为阳极使用，腐蚀问题十分严峻，难以接受。

（3）标准高硅铁（含 14.5%的硅和 0.7%的锰）是一种耐蚀合金，其优点是表面氧化后形成二氧化硅薄膜，能减缓腐蚀。在高硅铁中加入 4.25%的铬而形成的高硅铬铁合金具有更强的耐受卤族气体腐蚀的能力，所以高硅铁类合金既可用作陆地接地阳极，也可用作海水接地阳极。

（4）石墨是非离子晶体，它不会被电解而形成离子，因此石墨阳极的电化学反应只是在阳极处析出氧气或氮气，不存在电解腐蚀。石墨接地极在海水中的溶解速度要比土壤中慢，因此，它适宜作海水接地极用。

（5）铜虽然具有比铁高的抗自然腐蚀的能力，但它的电解腐蚀速度与铁相近，而价格却比铁高几倍，所以不宜用作阳极材料，只宜用来作阴极，尤其是海水接地极的阴极。铝是一种活泼金属，其表面会形成一层高电阻率氧化物，因此在直流输电中不予采用。

53. 简述直流避雷器的工作原理。

直流避雷器主要内部部件由压敏电阻组成，每一块压敏电阻从制成时设定好相应的开关电压（也叫压敏电压），在正常的工作电压下（即小于压敏电压）压敏电阻值很大，相当于绝缘状态，但在冲击电压作用下（大于压敏电压），压敏电阻呈低值被击穿，相当于短路状态。压敏电阻被击后，是可以恢复绝缘状态的，当高于压敏电压的电压撤销后，它又恢复了高阻状态。因此，如在电力线上安装氧化锌避雷器后，当雷击时，雷电波的高电压使压敏电阻击穿，雷电流通过压敏电阻流入大地，可以将电源线上的电压控制在安全范围内，从而保护了电气设备的安全。

54. 高压直流输电系统对直流避雷器有哪些性能要求?

（1）直流避雷器的火花间隙应具有稳定的击穿电压值。在换流站的各个部位可能出现的过电压波形及其延续时间的变化范围很大。直流避雷器对于各种波形的过电压都应可靠地发挥限压作用。

（2）直流避雷器要具有足够大的泄放电荷的能力（即通流能力或泄能容量）。避雷器动作后，应能容许直流系统中储存的巨大能量通过避雷器得到耗散。

（3）避雷器动作时，对系统的扰动不应太大，在切断直流续流时也不应在电感元件上引起过高的截流过电压。

（4）在过电压作用下动作时，避雷器的残压不应超过特定值。

（5）在直流系统通过避雷器泄放电荷的过程中，避雷器上的总压降不能超过特定值。

55. 什么是谐波? 谐波是如何产生的?

谐波就是频率大于电网基波频率 50Hz 的电压、电流量。

谐波产生的主要原因是正弦电压施加在非线性电路上时或非正弦电流在电网阻抗上产生非正弦压降，将非正弦量进行分解，可得到部分基波分量和其他频率分量，其中，其他频率的电气分量即是谐波。

56. LCC 交流侧谐波有什么特性?

LCC 交流侧谐波量由于换流器构造不同而存在差异。对于 6 脉动换流器，会产生（6k±1）倍次谐波分量；对于 12 脉动换流器，会产生（12k±1）倍次谐波分量。

57. LCC 直流侧谐波有什么特性?

LCC 直流侧谐波量由于换流器构造不同而存在差异。6 脉动换流器产生 6 倍次谐波分量；12 脉动换流器产生 12 倍次谐波分量。

58. 谐波监视系统（OHM）有什么功能? 主要监视哪些量?

OHM 用于测量和监视换流站交、直流系统的谐波状态，主要由谐波监视主机和谐波监视工作站构成。

功能：谐波含量计算；总谐波畸变率（THD）计算；不平衡度计算；电压波动及闪变分析计算；电压暂升、暂降幅值计算；数据采集及图形展示。

主要监视：直流线路谐波电压；直流线路谐波电流；接地极线路谐波电流；换流变压器交流侧谐波电压；换流变压器交流侧谐波电流；换流站与系统之间主要交流联络线的谐波电流。

59. 导致换流器交流侧非特征谐波产生的因素有哪些?

（1）直流电流中存在纹波。

（2）交流电压中存在谐波。

（3）交流基波电压不对称，即存在负序电压。

（4）换流变压器阻抗相间差异。

（5）Yy 组换流变压器和 Yd 组换流变压器触发角差异。

（6）由于换流变压器变比不同造成 Yy 组换流变压器和 Yd 组换流变压器换相电压不同。

（7）Yy 组换流变压器和 Yd 组换流变压器阻抗差异。

（8）触发脉冲不完全等距。

60. 导致换流器直流侧非特征谐波产生的因素有哪些?

对于直流侧，产生非特征谐波的因素有以下几个方面：

（1）交流母线电压中含有谐波电压，直流侧会产生非特征谐波电压。

（2）构成 12 脉动换流器的两个 6 脉动换流器的换流变压器的漏抗不相等和变比不相等。

（3）当构成一个换流站两极换流器的任何运行参数不相等。

（4）换流变压器三相漏抗不平衡。

61. 选择交流滤波装置时需要考虑哪些因素?

（1）交流系统的频率变化范围。一般来说，当频率变化范围大时，需要采用阻尼特性较好的滤波器型式，因为这种滤波器的滤波性能对频率的变化不敏感。

（2）环境温度的变化范围以及是否允许采用季节性分接头。环境温度的变化与频率变化具有相似的影响，在电抗器上装设季节性分接头是解决夏冬气温相差过于悬殊的经济有效的措施，但如果考虑运行便利性而不采用分接头，则采用对参数变化较不敏感的阻尼型滤波器具有较大的优越性。

（3）对单次谐波电压、电流要求的限制。如果在性能要求中对单次谐波有较为严格的要求，则一般需装设调谐型滤波器。

（4）对电话谐波波形系数（THFF）等要求的限制。如果在性能要求中对 THFF 等高频频谱敏感的指标有较为严格的要求，则一般需装设带高通的滤波器。

（5）直流低功率下无功平衡的限制。当直流低功率下无功平衡要求较为严格时，为了避免装设可投切的高压电抗器，需要尽量减少投入滤波器的组数，因此一般要采用双调谐甚至三调谐滤波器。

（6）滤波器型式和备品备件共享要求。如果相关规范要求中明确规定了型式数量和备品备件的要求，一般要采用双调谐甚至三调谐滤波器。

（7）滤波器额定值的要求。滤波器额定值的计算条件决定了同种滤波器数量的要求。一般而言，同种滤波器数量越多，则额定值要求而增加的费用越少。要增加同种滤波器数量，必须减少种类，因而需采用双调谐滤波器。

（8）交流母线电压水平。由于电容器堆的自身设计要求，使得交流母线电压越高，每堆的额定容量也必须相应提高，总的滤波器台数减少，因而需要采用双调谐滤波器。

（9）三次背景谐波水平和负序电压水平。当电网三次背景谐波水平和负序电压水平增高时，三次谐波指标将成为一个显著的限制因素。通常当负序电压超过 1%时，需要装设调谐于三次谐波的 C 型滤波器。通过选择适当的 C 型滤波器电阻，对 5 次和 7 次谐波等也将起到较大的阻尼作用。

62. 如何抑制谐波?

常规直流系统通常采用增加换流器的脉波数或装设滤波器来抑制谐波。

63. 交流滤波器的投切优先级是什么?

（1）最高/最低电压限制（U_{max}/U_{min}），用于监视和限制稳态交流母线电压，保持交流母线电压在固定范围之内。通过切除滤波器组，U_{max} 功能维持稳态交流电压在过压保护动作的水平以下，避免保护的频繁动作，而在交流母线稳态电压过低时，U_{min} 功能将命令投入滤波器组，以支持交流电压的恢复。

（2）绝对最小滤波器控制（Abs Min Filter），是为了确保部分交流滤波器组因故被切除后，避免造成运行中的其他交流滤波器谐波过负荷所需投入的最少滤波器组。如果该条件不能满足，为了防止交流滤波器组损坏，直流系统将自动降低输送功率，以满足绝对最小滤波器组条件。当更低优先级功能与该功能的限制条件冲突时，禁止更低优先级的功能切除滤波器组。即使无功控制功能为“手动”控制模式，Abs Min Filter 依然有效，可以自动投入需要的滤波器组。

（3）最小滤波器控制（Min Filter），根据输送功率以及运行模式，Min filter 功能确定满足规范谐波性能要求所需投入的滤波器组的最小数量和类型。如果 Min filter 不能满足，将有报警信号送至 SCADA 系统提示运行人员，但不会造成功率回降等其他后果。

（4）无功交换/电压控制（$Q_{control}/U_{control}$），$Q_{control}$ 模式用于控制换流站与交流网的无功交换量为设定的上、下限范围内。为了防止滤波器组的频繁投切，设置的无功交换上、下限的差值应大于最大无功设备组的容量。如果无功功率交换超过上、下限值，那么 $Q_{control}$ 会发出命令，投入或切除滤波器。

以上 4 个条件优先顺序为（1）>（2）>（3）>（4）。

第三章　柔性直流输电换流技术

64. MMC 子模块拓扑结构是怎样的？有哪些工作状态？各有什么特点？

常用的 MMC 半桥子模块的拓扑结构如图 3－1 所示。图中，VT1 和 VT2 表示 IGBT，VD1 和 VD2 表示反向并联的二极管；C_0 表示直流侧的电容器；u_C 为电容器两端电压；u_{sm} 和 i_{sm} 分别表示子模块两端的电压以及流过的电流，电压电流的参考方向已经标出。

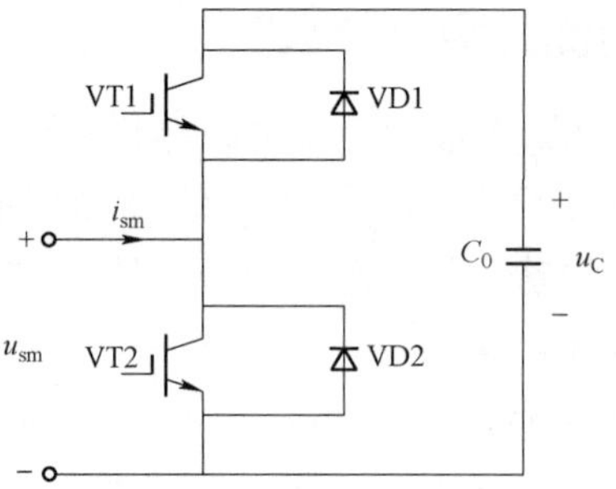

图 3－1　MMC 半桥子模块拓扑

子模块有三种不同的工作状态：

（1）“闭锁状态”。此时 VT1、VT2 都处于关断状态，电流完全由二极管导通。VD1 导通时对应模式 1，此时 C_0 处于充电状态；VD2 导通对应模式 4，此时 C_0 处于旁路状态。闭锁状态属于不正常运行状态，仅用于启动时给 C_0 充电或者故障时将 C_0 旁路的情况。

（2）“投入状态”。此时 VT1 导通而 VT2 关断。如模式 2 和模式 5 所示，此时电容总处于电流回路中，根据电流方向不同而进行充电和放电。此时子模块输出电压为电容电压。

（3）“切除状态”。此时 VT1 关断而 VT2 导通，可想而知电容始终处于旁路中，子模块输出电压为零。

每种状态下根据电流方向和 IGBT 导通情况又可以细分为两种模式，共有 6 种模式，如表 3－1 所示。

表 3–1　　子模块工作模式汇总

闭锁状态	投入状态	切除状态
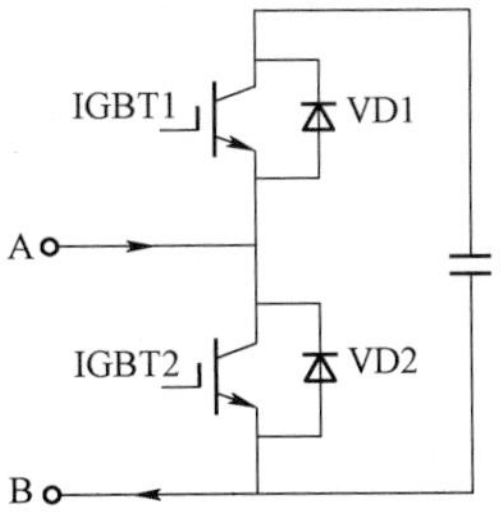 模式 1	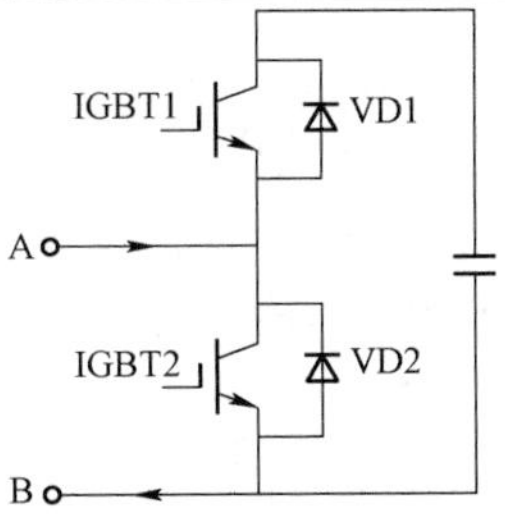 模式 2	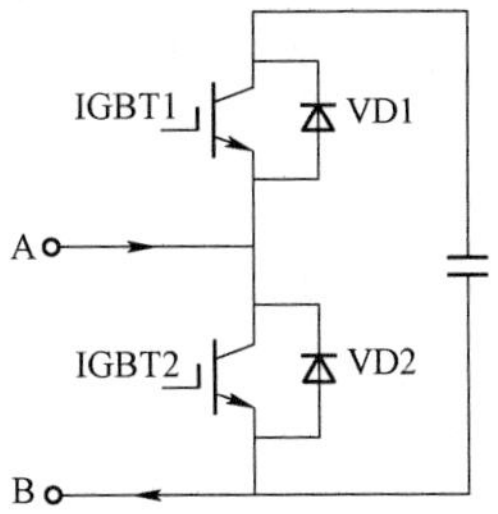 模式 3
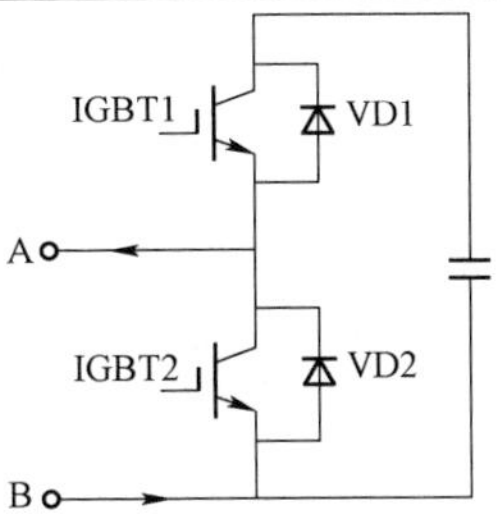 模式 4	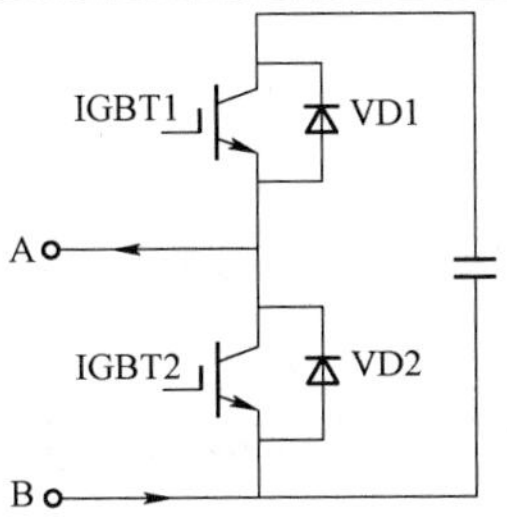 模式 5	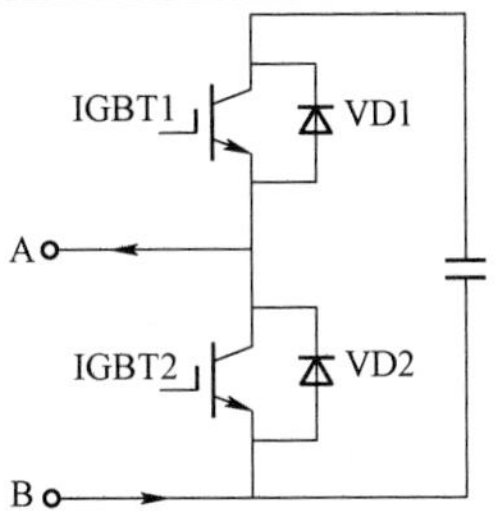 模式 6

65. 全桥子模块有哪些工作状态?

全桥子模块有 4 种工作状态，分别是正投入状态、负投入状态、旁路状态、闭锁状态。

66. MMC 基波等效电路和等效数学公式是怎样的?

对 MMC 建立数学模型，首先做出如下假设：

（1）所有电气量都得按照工频 T 作为周期。

（2）a、b、c 三相的同一电气量在时域上依次滞后 $T/3$。

（3）同一相的上下桥臂的同一电气量在时域上相差 $T/2$。

（4）MMC 采用实时触发。

根据 MMC 主电路，可以很容易得到其微分方程数学模型。根据基尔霍夫电压定律（KVL）：

$$u_{sj}+u_{pj}+L_0\frac{di_{pj}}{dt}+R_0 i_{pj}=\frac{U_{dc}}{2} \tag{3-1}$$

$$u_{sj}-u_{nj}-L_0\frac{di_{nj}}{dt}-R_0 i_{nj}=-\frac{U_{dc}}{2} \tag{3-2}$$

式中：u_{sj} 为交流系统 j 相有效电势；u_{pj} 为 j 相上桥臂电压；i_{pj} 为 j 相上桥臂电流；L_0 为桥臂电抗器电感值；R_0 为桥臂电阻；U_{dc} 为直流电压。

由于 MMC 换流器是三相平衡的，所以可以简化得到 MMC 基波等效电路如图 3–2 所示。

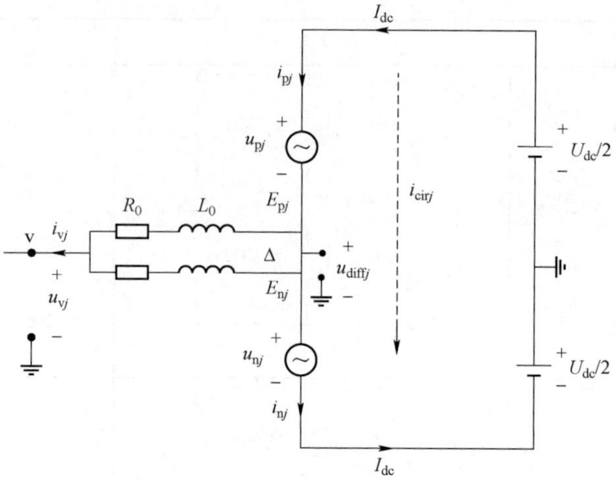

图 3-2　MMC 基波等效电路

67. 子模块电容作用是什么？如何选择电容大小？

MMC 换流器中，子模块电容起的是直流支撑和滤波的作用。

选择电容大小时通常考虑两个方面：一方面要求能够有效抑制直流电压的波动，这要求电容值尽量大；另一方面要求系统动态响应速度尽量快，显然，电容越大，响应就越慢，这就有了电容的上限值。综合考虑之下，才能选择出满足运行要求的电容值。

68. 如何确定半全桥比例？

根据以下 3 种不同的原则确定半全桥比例。

（1）仅考虑桥臂输出电压的需求。混合型 MMC 单相原理如图 3-3 所示。每一个桥臂都是由全桥和半桥子模块混联而成的。以 A 相为例进行分析，设 A 相阀侧交流输出电压为：

$$v = k_{ac}\frac{V_{dcn}}{2}\cos(\omega t + \theta_v) \tag{3-3}$$

式中：k_{ac} 为交流调制比；V_{dcn} 为阀侧直流端口间的额定电压；θ_v 为阀侧交流输出电压相角。

设功率模块电容的额定电压值为 V_{cn}，可以算出一个桥臂需要的子模块个数为：

$$N = \frac{1 + k_{ac}}{2V_{cn}} \cdot V_{dcn} \tag{3-4}$$

设直流电压最低值标幺值为 $V_{min,pu}$，则可以算出桥臂输出电压负峰值为：

$$V_{p-} = \frac{V_{min,pu} - k_{ac}}{2} \cdot V_{dcn} \tag{3-5}$$

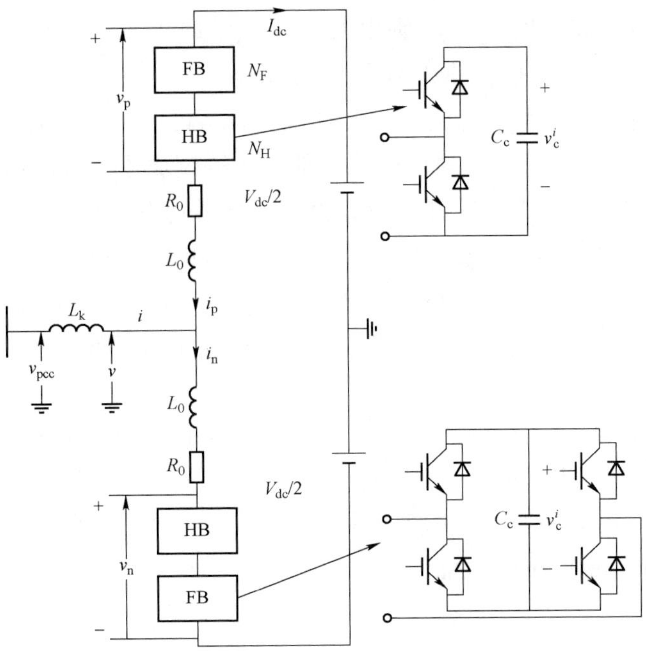

图 3-3　混合型 MMC 单相原理图

全桥模块的数目应该为：

$$N_{FB}=\frac{\left|V_{min,pu}-k_{ac}\right|}{2V_{cn}}\cdot V_{dcn} \tag{3-6}$$

在故障清除期间希望 MMC 的直流电压运行在零值附近，即 $V_{min,pu}=0$，则：

$$N_{FB}=\frac{k_{ac}}{2V_{cn}}\cdot V_{dcn} \tag{3-7}$$

联合式（3-4）与式（3-7）可得，所需的半桥子模块个数为：

$$N_{HB}=\frac{1}{2V_{cn}}\cdot V_{dcn} \tag{3-8}$$

取 $k_{ac}=1$，则可以看出，全桥模块比例等于 50%即可满足直流故障无闭锁清除的要求。

（2）考虑桥臂电流过零。做类似分析可得，要满足桥臂电流过零的要求，全桥半桥比例设计原则应为：

$$N_{FB}=\begin{cases}\dfrac{k_{ac}-V_{min,pu}}{2}\cdot\dfrac{V_{dcn}}{V_{cn}},\left|V_{min,pu}\right|\geqslant\dfrac{k_{MMC}}{2}\\[2ex]\dfrac{3k_{ac}}{4}\cdot\dfrac{V_{dcn}}{V_{cn}},\left|V_{min,pu}\right|<\dfrac{k_{MMC}}{2}\end{cases} \tag{3-9}$$

$$N_{HB}=\begin{cases}\dfrac{1+V_{min,pu}}{2}\cdot\dfrac{V_{dcn}}{V_{cn}},\left|V_{min,pu}\right|\geqslant\dfrac{k_{MMC}}{2}\\[2ex]\left(\dfrac{1}{2}-\dfrac{k_{MMC}}{4}\right)\dfrac{V_{dcn}}{V_{cn}},\left|V_{min,pu}\right|<\dfrac{k_{MMC}}{2}\end{cases} \tag{3-10}$$

不考虑交流过调制时，取 $k_{ac}=1$，则由上式可知，为了使直流电压能够运行在（0，V_{dcn}）的连续区间上，每个桥臂全桥模块比例应为 75%。

（3）考虑模块放电电阻和高位取能电源的影响。如果要求换流器长期运行在 $V_{dc}<0.5V_{dcn}$ 的状态，那么投入的模块必须全部是全桥模块才能满足均压要求，由于高位取能电源模块的放电电阻的影响，剩余没有投入的半桥功率模块将会工作在放电状态。如果 MMC 工作在整流状态并且 $V_{dc}<0.5V_{dcn}$，那么桥臂电流将持续为负，即便投入半桥模块也没有办法进行充电，这时候半桥模块会慢慢放电直到电压为零；若 MMC 工作在逆变状态，那么桥臂电流将持续为正，一旦半桥模块放电到电压最低限定值时，将立即投入半桥模块进行充电。

综上所述，MMC 工作在整流状态，并且直流电压长期运行在（0，$0.5V_{dcn}$）之间时，全桥模块比例应该为 100%。当 MMC 工作在逆变状态，并且直流电压长期运行在（0，$0.5V_{dcn}$）之间时，全桥模块的比例应该不小于 50%；直流电压长期运行在（$-0.5V_{dcn}$，V_{dcn}）时，全桥模块比例应该不小于 75%。

69. 工程设计时，换流站与交流系统无功交换范围的确定原则有哪些？

换流站无功分组投切控制主要是通过实时计算求出换流器消耗的无功 Q_{dc}，并根据当前无功补偿设备投入的情况求出换流站与交流系统之间的无功交换，与设定允许的不平衡无功 ΔQ 相比较，确定无功补偿设备的投入点或切除点。无功分组投入及切除时的参考限值分别考虑如下（Q 为换流站向交流系统输送无功）：

投入：$\Delta Q<Q_{ref}-(Q_{filtermax}/2)$

切除：$\Delta Q>Q_{ref}+(Q_{filtermax}/2)$

Q_{ref} 为设置的参考值，根据系统的运行情况而定。

$Q_{filtermax}/2$ 为死区限值，为避免振荡性投切，该值应略大于单个滤波器或并联电容器分组产生最高无功功率的一半，一般还应留有 20%～30%的裕度。

70. MMC 交流侧谐波特征是怎样的？

（1）MMC 交流电压中谐波次数均为奇数次，即包含 3、5、7、…次谐波。

（2）交流侧的谐波 i_{kh} 的谐波通路如图 3－4 所示，在换流器桥臂对称的前提下，i_{kh} 会被在第 k 相的上下桥臂平均分配，对外表现相序、频率相同，上下桥臂电流对称分布而且不会出现在环流中。假如换流器的上下桥臂不对称，那么 i_{kh} 会在桥臂上形成频率与相序均相同的环流和上下对称的桥臂电流。

71. MMC 直流侧谐波特征是怎样的？

（1）MMC 的直流侧电流谐波次数是 6 的整数倍。

（2）直流侧谐波 i_{dch} 在 MMC 中的谐波通路如图 3－5 所示。在换流器三相对称运行的条件下，i_{dch} 将被平均分配在三相桥臂上，此时 i_{dch} 以频率相同的零序环流形式出现在桥臂电流中；在换流器三相不对称运行时，i_{dch} 将会形成零序环流，并以频率相同的正序或者负序环流的形式存在于桥臂上。

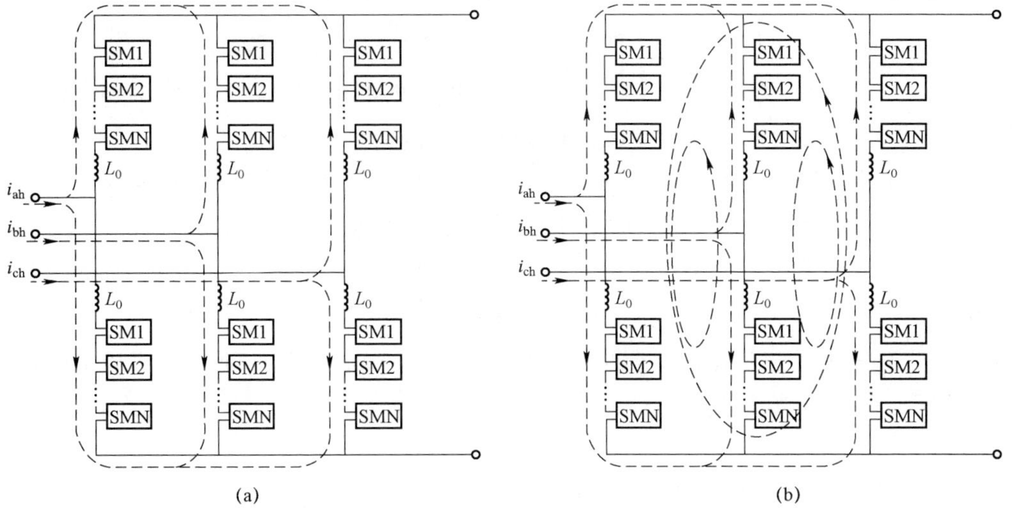

图 3－4　MMC 交流谐波通路示意图

（a）三相对称时谐波通路；（b）三相不对称时谐波通路

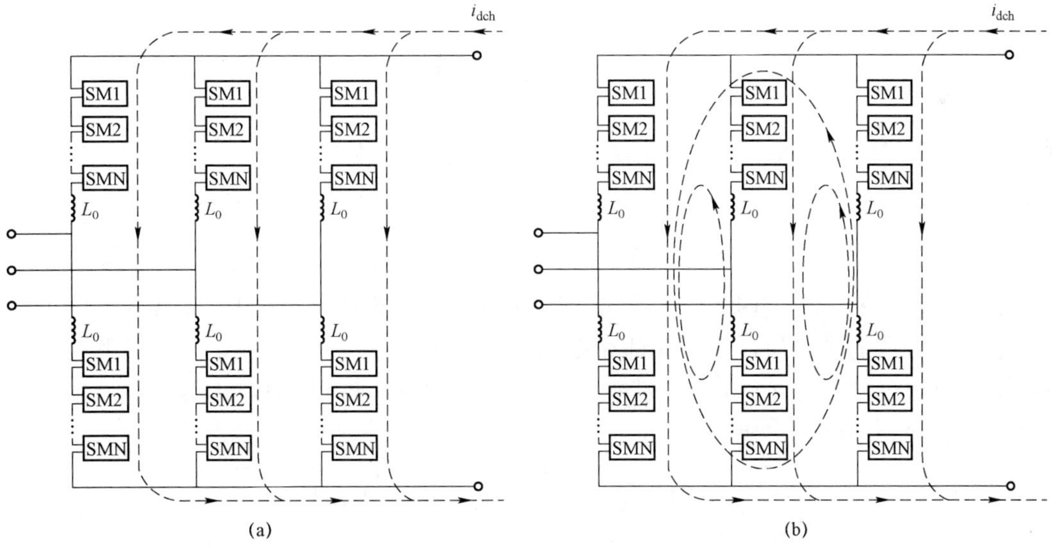

图 3－5　MMC 直流谐波通路示意图

（a）三相对称时直流谐波通路；（b）三相不对称时直流谐波通路

72. MMC 启动充电分为哪些阶段？分别是如何进行充电的？

MMC 启动充电可以分成两个阶段，分别是不可控充电阶段和可控充电阶段。首先进行的是不可控充电，此时闭锁换流器，由反并联二极管对电容进行充电；然后是可控充电，当子模块电容电压能量满足子模块控制器的取能要求时，就解锁换流器，变成直流电压控制充电阶段。

73. 全桥及半桥 MMC 启动不控充电阶段可以分成哪些具体的阶段？

不控充电阶段又可以分成 3 个阶段，定义为阶段 1、2 和阶段 3，详述如下。

阶段 1：在不可控充电阶段，为了解决功率器件的取能问题，半桥模块和全桥模块都将闭锁，全桥模块无论电流方向如何，电容都能充电，但是半桥模块的电容只能在电流方向为正的时候才能进行充电，这样的结果就是全桥模块和半桥模块的电压不相等。

阶段 2：这个阶段是为了解决阶段 1 出现的电压不等的问题。此时将全桥模块旁路，由交流系统对半桥模块进行不控充电，直到半桥模块电压与全桥模块电压平均值相等。

阶段 3：全桥模块工作在半桥工作模式继续进行不控充电，全桥模块 T4 常导通时等效电路如图 3-6 所示。当 T4 常导通，而 T1、T2、T3 均闭锁时，工作方式与半桥模块相同，所以可以等效成半桥模块。

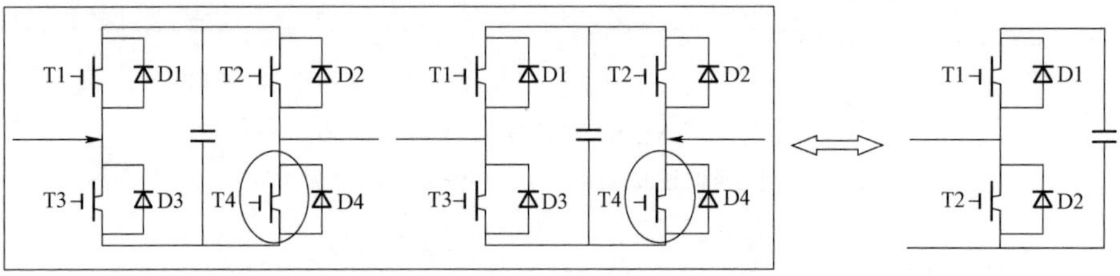

图 3-6　全桥模块 T4 常导通时等效电路

74. 全桥及半桥 MMC 启动可控充电阶段有什么区别？

充电阶段对全部的子模块的电容电压进行排序，如图 3-7 所示，排序时，通过切除部分电压高的模块，减少接入回路模块电容数来提升其他电压低的模块电容充电，如果是全桥子模块则需要 T2 和 T4 开关管被触发，如果是半桥模块只需触发 T2 开关管即可；对于其他电压较低的子模块，为了保证充电回路中每个时刻仅有（ $N-k$ ）个子模块，对于全桥子模块就保持触发 T4 开关管不变，对于半桥子模块就维持闭锁状态不变，并通过轮换排序的方式实现动态平衡。

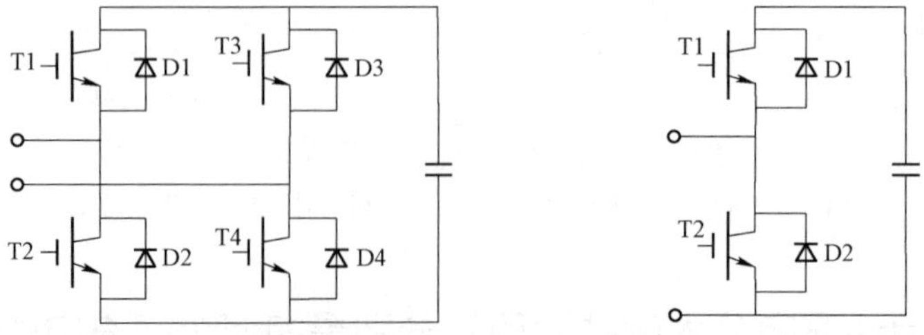

图 3-7　MMC 子模块拓扑图

（a）全桥模块拓扑；（b）半桥模块拓扑

75. MMC 在 dq 坐标系下的数学模型如何推导?

MMC 的单相结构如图 3－8 所示，设桥臂电阻、电感分别是 $2R$、$2L$（令 $R_0=2R$、$L_0=2L$），直流侧的总电压为 U_d，子模块电容为 C_0。假设子模块电压一直为 U_{SM}，则每一个相单元在交流侧的输出电压为：

$$u_{kj}=S_{kj}U_{SM} \tag{3-11}$$

式中：$k=a,b,c$，S_{kj} 为第 k 相第 j 个子模块开断的情况

$$S_{kj}=\begin{cases}0, & 子模块切除\\ 1, & 子模块投入\end{cases} \tag{3-12}$$

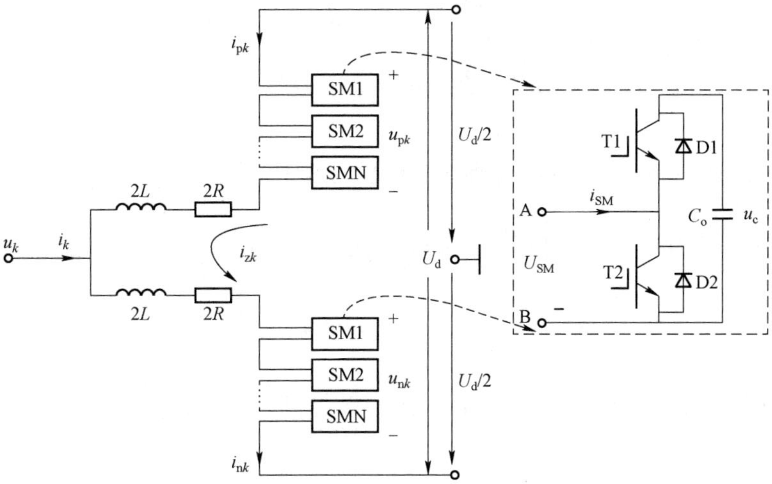

图 3－8　MMC 单相结构图

将相单元当中的上下桥臂中的电阻与电感等效到交流侧与换流器之间时，子模块相当于两个独立的电压源，等效电路如图 3－9 所示。

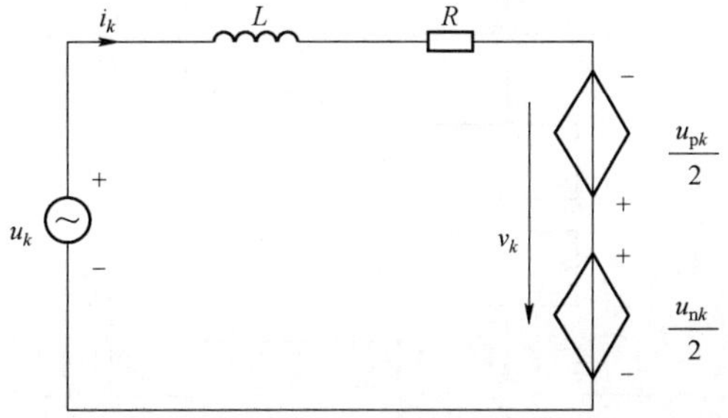

图 3－9　单相 MMC 等效电路图

在这种情况下端口电压分别是：

$$\begin{cases} u_{pk} = \sum_{j=1}^{n} S_{kj} U_{SM} \\ u_{nk} = \sum_{j=n+1}^{2n} S_{kj} U_{SM} \end{cases} \tag{3-13}$$

等效之后的交流侧输出电压：

$$v_k = \frac{u_{nk} - u_{pk}}{2} = u_k - L\frac{di_k}{dt} + Ri_k \tag{3-14}$$

那么在静止 abc 坐标系下 MMC 动态方程为：

$$\begin{cases} L\frac{di_a(t)}{dt} + Ri_a(t) = u_a(t) - v_a(t) \\ L\frac{di_b(t)}{dt} + Ri_b(t) = u_b(t) - v_b(t) \\ L\frac{di_c(t)}{dt} + Ri_c(t) = u_c(t) - v_c(t) \end{cases} \tag{3-15}$$

对其进行 dq 坐标变换，可以得到 MMC 的数学模型为：

$$\begin{cases} L\frac{di_d}{dt} = \omega Li_q - Ri_d + u_d - v_d \\ L\frac{di_q}{dt} = -\omega Li_d - Ri_q + u_q - v_q \end{cases} \tag{3-16}$$

通过化简上述式子并进行拉普拉斯变换可以得到其频域的形式为：

$$\begin{cases} u_d - v_d = (R + sL)i_d - \omega Li_q \\ u_q - v_q = (R + sL)i_q - \omega Li_d \end{cases} \tag{3-17}$$

式（3-17）是 MMC 基本单元在 dq 坐标系下的频域数学模型，进而得到其结构框图，如图 3-10 所示。

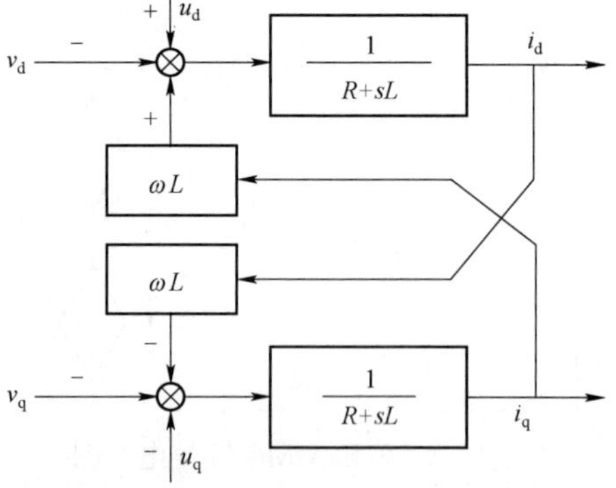

图 3-10　两相 dq 坐标系下 MMC 基本单元数学模型结构框图

76. MMC 子模块电容电压平衡控制策略有哪些?

（1）传统电容电压控制策略。传统控制策略的核心算法是排序法，需要通过桥臂的电流方向选择导通各个桥臂的子模块，流程如图 3－11 所示。

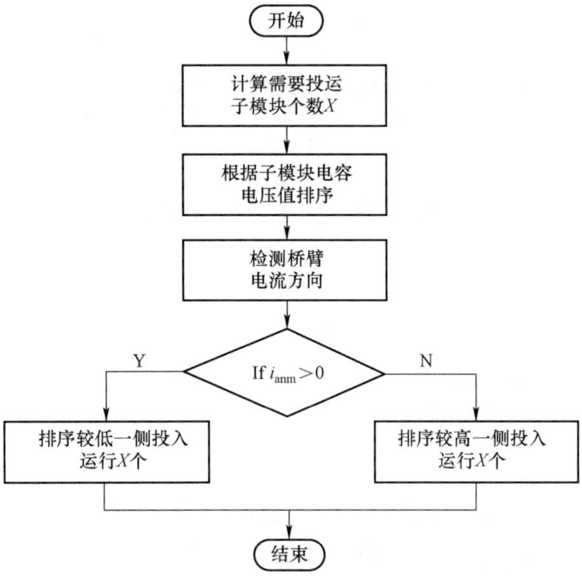

图 3－11　传统排序电压均衡控制策略流程图

（2）结合相关研究进展，控制策略大都侧重于将不同算法应用于均压控制，以减小运算量，例如：

1）基于端点排序算法的 MMC 均压优化策略。将端点排序算法运用于均压控制，并采用子模块间最大电压偏差量的方法对其进行优化，可以实现非全排序子模块电容电压，减小了排序运算量。

2）子模块电容电压分层均压控制。根据子模块电容电压数值的大小放入对应的分层容器，为了提高排序速率，加入新的容器并重新划分判据，可以有效降低算法的复杂度和开关频率。

3）采用随机选择算法均压控制。这种策略使用随机选择算法对电容电压进行排序，这样做减小了控制器的运算量和换流阀的损耗。

77. MMC 内部环流是如何产生的? 如何进行抑制?

（1）MMC 内部环流分析：如图 3－12 所示，从 MMC 在直流输电的工作原理可知，MMC 通过电容来实现能量的存储和释放，在工作过程中，模块中的电容不断的充放电，导致换流器的桥臂上存在能量的波动并进一步产生环流。

（2）抑制策略：可以通过补偿环流中交流成分在桥臂上面产生的压降来实现抑制环流的目的。首先计算三相内部电流 $i_{\mathrm{diff}j}$，然后进行二倍频负序坐标变换得到 MMC 内部环流

的 dq 轴分量 i_{2fd} 和 i_{2fq}，将其与环流 dq 轴的分量的参考值 i_{2fd_ref} 和 i_{2fq_ref} 做差后经过 PI 调节器，随后为了消除 dq 轴的耦合部分而引入电压前馈量 $2\omega_0 L_0 i_{2fd}$、$2\omega_0 L_0 i_{2fq}$，得到内部不平衡电压降的 dq 轴参考值 u_{diffd_ref} 和 u_{diffq_ref}，最后经过逆变换得到需要的负序三相内部不平衡电压降的参考值，环流抑制原理如图 3－13 所示。

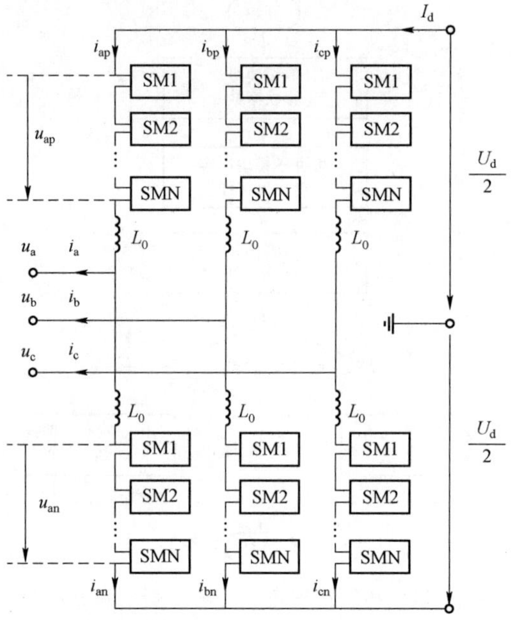

图 3－12　MMC 拓扑图

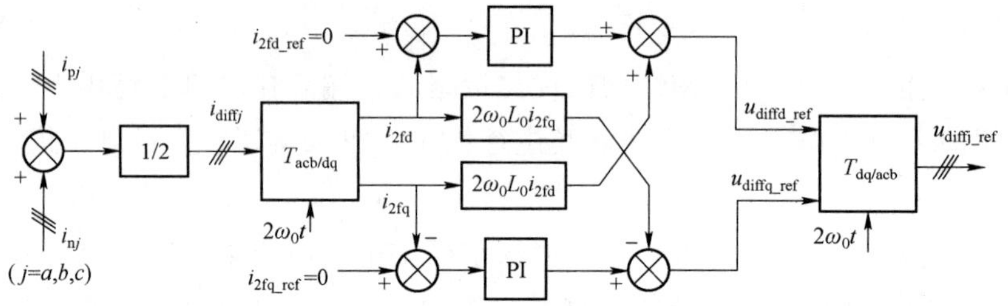

图 3－13　环流抑制原理图

78. 柔性直流换流站定直流电压与直流功率控制原理如何实现？

（1）直流电压控制：直流电压控制产生的电流指令控制流过换流器的有功功率的大小，保持直流侧的电压为设定值。如图 3－14 所示为定直流电压控制器，直流电压和直流电压指令的偏差经 PI 调节后得到有功电流的参考值。

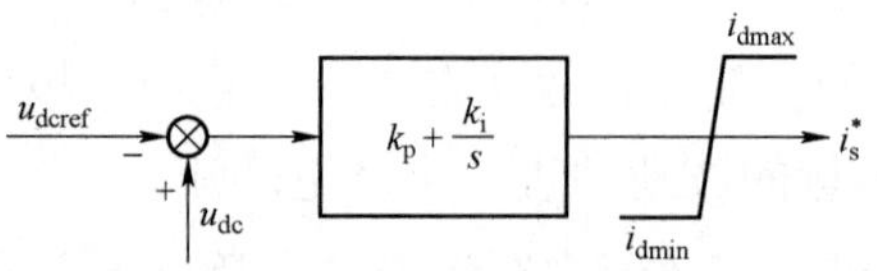

图 3－14　定直流电压控制器

对于多端混合直流系统中的 VSC 站，配置直流电压控制器的同时还配置了电压裕度环节。对于定直流电压 VSC 站，电压裕度值取为 0；对于定功率 VSC 站，电压裕度值一般可取为 0.05p.u.～0.2p.u.，当直流电压 VSC 站退出或失去对直流电压的控制时，定功率 VSC 站可以通过电压裕度控制接管直流电压控制或配合进行直流电压控制。

（2）直流功率控制：直流功率控制是直流系统的主要控制模式，控制系统根据有功功率参考值控制换流器与交流系统交换的有功功率。在有功功率控制下，为了保持直流输送功率恒定，控制系统通过对交流电流的调整来补偿电压的波动。有功功率控制器至少包括三个环节，分别是比较环节、比例积分环节、电流限幅环节，如图 3－15 所示。

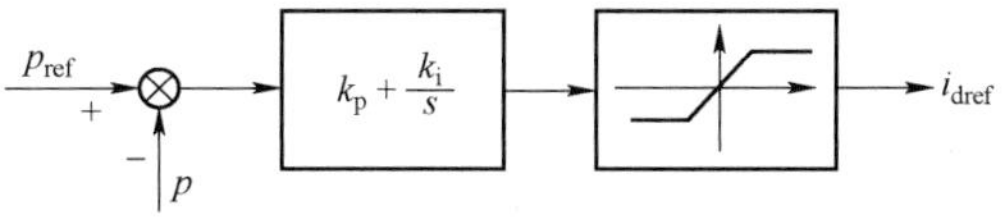

图 3－15　定有功功率控制器

79. 柔性直流换流站定交流电压与定无功功率控制原理如何实现?

（1）定交流电压控制：定交流电压控制产生换流器的无功功率指令，并且可各站独立进行控制，该参考值可以由运行人员进行输入。利用定交流电压控制功能可以实现控制接口变压器网侧的交流电压。恒定交流电压控制，可以有效抑制网侧交流电压的波动。定交流电压控制器如图 3－16 所示。

（2）定无功功率控制：定无功功率控制可以使直流系统产生的无功功率维持在期望的参考值。定无功功率控制可改变换流站基波输出电压的幅值，保证交流电压在正常范围内运行。定无功功率控制器如图 3－17 所示。

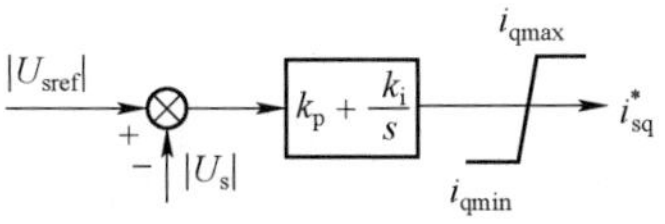

图 3－16　定交流电压控制器

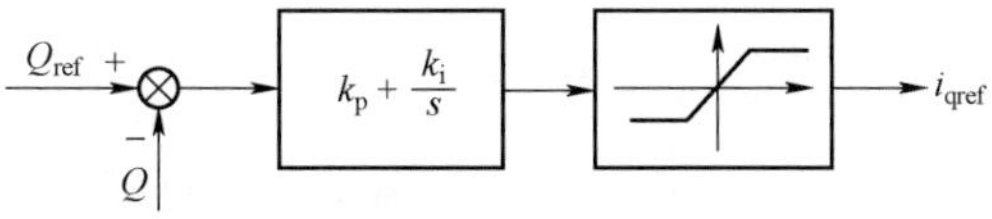

图 3－17　定无功功率控制器

80. 柔性直流换流站如何实现交流故障穿越?

以昆柳龙直流工程中的昆北换流站为例，当柔性直流换流站发生严重交流故障时，柔性直流换流站将向昆北换流站发出严重交流故障信号，昆北换流站收到该信号后快速增大触发角以限制柔性直流子模块过压水平，实现故障穿越；在柔性直流换流站交流故障不严重或直流功率较低时，柔性直流子模块过压水平较低，柔性直流换流站不向昆北换流站发出严重交流故障信号，昆北换流站通过电压控制调节触发角限制电压而不采用快速增大触发角的方式，降低交流故障期间的功率损失，从而实现故障穿越。

81. 柔性直流换流站如何利用电压下垂控制进行 P/f 和 Q/U 调节？

1. 稳态电压无功要求

（1）Q 模式下无功电压要求。

1）Q 模式下无功电流曲线如图 3－18 所示，其参考值如下：

U_{rated}=1.0p.u.（525kV）；

U_{min}=0.90p.u.（475kV）；

U_{max}=1.10p.u.（575kV）；

U_{rated_min}=0.95p.u.（500kV）；

U_{rated_max}=1.05p.u.（550kV）；

I_{qmax}=0.2p.u.；

I_{qmin}=－0.2p.u.。

2）定无功电流控制区域：

I_{q0}、U_{op_min}、U_{op_max} 由运行人员根据系统需求设定；

U_{op_min} 范围 0.95～1.0p.u.，默认值为 0.98p.u.（515kV）；

U_{op_max} 范围 1.0～1.05p.u.，默认值为 1.02p.u.（535kV）；

I_{q0} 范围为－0.2p.u.～0.2p.u.，默认值为 0。

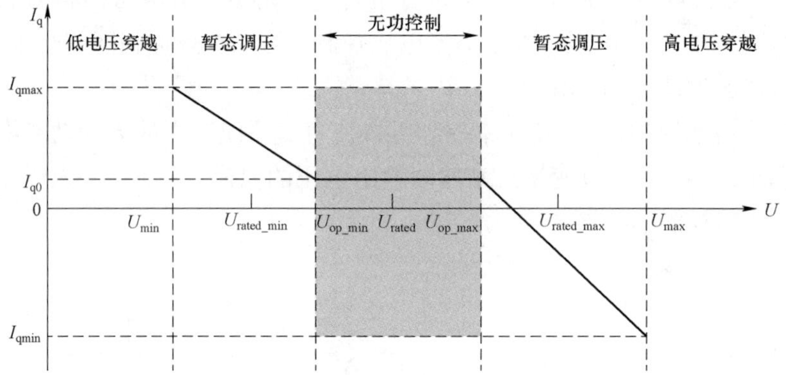

图 3－18　Q 模式下无功电流曲线

（2）U 模式下无功电压要求。

1）U 模式下无功电流曲线如图 3－19 所示，其参考值如下：

U_{rated}=1.0p.u.（525kV）；

U_{min}=0.90p.u.（475kV）；

U_{max}=1.10p.u.（575kV）；

U_{rated_min}=0.95p.u.（500kV）；

U_{rated_max}=1.05p.u.（550kV）；

I_{qmax}=0.2p.u.；

I_{qmin}=－0.2p.u.。

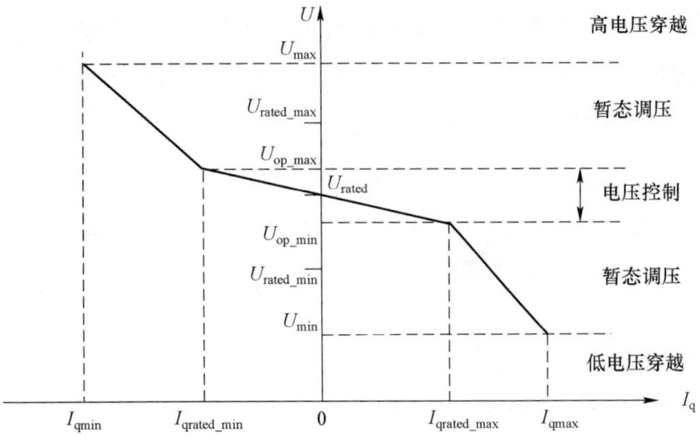

图 3-19　U 模式下无功电流曲线

2）电压控制区域：

U_{op_max}、U_{op_min}、电压下垂斜率由运行人员根据系统需求设定；

U_{op_min} 范围 0.95～1.0p.u.，默认值为 0.98p.u.（515kV）；

U_{op_max} 范围 1.0～1.05p.u.，默认值为 1.02p.u.（535kV）；

$0<\dfrac{U_{rated}-U_{op\_max}}{I_{qrated\_min}}<0.25$，$0<\dfrac{U_{rated}-U_{op\_min}}{I_{qrated\_max}}<0.25$，默认值均取 0.2，由此计算得 I_{qrated_min}=−0.1p.u.，I_{qrated_max}=0.1p.u.。

2. 暂态低电压穿越无功要求

系统发生近区交流三相短路故障，故障期间龙门换流站 500kV 交流母线正序电压有效值跌落至 0.2p.u.以下时，柔性直流应保持运行，不允许永久闭锁或跳闸，无功电流为 0；当正序电压有效值跌落至 0.2～0.4p.u.时，无功电流上限为 0～0.35 倍柔性直流换流器交流侧额定电流之间；在故障消失后 200ms 内柔性直流换流器能够恢复到故障前直流功率水平下的运行状态。

中远端交流故障，即当故障期间柔性直流换流站 500kV 交流母线正序电压有效值跌落至 0.4～0.6p.u.时，柔性直流换流器变为定交流电压控制，且根据系统交流电压变化合理调节其输出的无功功率，无功电流上限为 0.35 倍柔性直流换流器交流侧额定电流，有功电流上下限按照柔性直流换流器实际能力可做出限制。

远端交流故障，即当故障期间柔性直流换流站 500kV 交流母线正序电压有效值跌落至 0.6～0.90p.u.时，柔性直流换流器变为定交流电压控制，且根据系统交流电压变化合理调节其输出的无功功率，无功电流上限为 0.2～0.35 倍柔性直流换流器交流侧额定电流。

3. 暂态高电压穿越无功要求

龙门换流站 500kV 交流母线正序电压高于 1.1p.u.时，进入暂态高电压穿越控制。

82. 柔性直流换流站启动电阻区域保护原理是什么？

下面以昆柳龙直流工程为例对启动电阻区域保护及其原理进行详细介绍。

启动电阻区域保护主要包括启动回路热过载保护（49CH）、启动电阻过流保护（50/51R）、变压器网侧零序过压保护（59ACGW）、变压器阀侧零序过压保护（59ACVW）、断路器失灵保护。

（1）启动回路热过载保护（49CH）。启动电阻的热过载保护检测启动电阻的电流，计算总电流热效应，如果超过定值，保护动作。保护动作延时应能躲过暂态过负荷的影响，以免误动。应采用反时限原理进行设置，电流积分$\int I_{acs}^2 dt > \varDelta$。该保护动作出口跳换流器交流断路器、换流器隔离，失灵段动作后启动开关失灵（无判据失灵保护）。启动电阻旁路开关合上后启动电阻被旁路，该保护退出。

（2）启动电阻过流保护（50/51R）。为保护启动过程中启动电阻之后的短路故障，设置启动电阻的过电流保护（50/51R），保护判据为$|I_{acs}| > I_{set}$。

启动电阻过流保护分两段：Ⅱ段为快速段，电流定值、动作时间按躲过充电过程中启动电阻短时耐受的最大电流整定；Ⅰ段为慢速段，电流定值、动作时间按躲过充电过程中启动电阻长期耐受的最大电流整定。该保护动作出口跳换流器交流断路器、换流器隔离，失灵段动作后启动开关失灵（无判据失灵保护）。启动电阻旁路开关合上后启动电阻被旁路，该保护退出。

（3）交流网侧零序过压保护（59ACGW）。昆柳龙直流工程设置交流网侧零序过压保护（59ACGW）作为启动过程中启动电阻与柔性直流变压器之间的接地故障的主保护，保护判据为$|U_{ac1_A}+U_{ac1_B}+U_{ac1_C}| > U_{s0_set}$。

为了防止交流侧接地故障导致的误动，其时间定值应与交流侧保护配合。本保护动作后果为跳换流器交流断路器、换流器隔离，失灵段动作后启动失灵（无判据失灵保护）。启动电阻旁路开关合上退出启动失灵出口，解锁后退出本保护。

（4）交流阀侧零序过压保护（59ACVW）。设置交流阀侧零序过压保护（59ACVW）作为启动过程中换流器及柔性直流变压器之间接地故障的主保护，保护判据为$|U_{ac2_A}+U_{ac2_B}+U_{ac2_C}| > U_{V0_set}$。

保护采用换流变压器阀侧末屏电压，保护动作后果为跳换流器交流断路器、换流器隔离，失灵段动作后启动失灵。启动电阻旁路开关合上退出启动失灵出口（无判据失灵保护），解锁后退出本保护。

（5）启动电阻区域保护中关于失灵保护的问题分析。一般在500kV断路器拒动时，由断路器失灵保护动作切除故障。失灵保护经跳令开入和失灵电流判据出口。

在启动电阻投入并给柔直阀充电期间，若启动电阻与换流阀之间发生故障，柔性直流系统的保护装置会向充电回路上的500kV断路器发跳闸命令，并启动断路器保护（PCS－921N）的失灵判别。若开关拒动，由于此时相电流失灵判据无法满足，经过延时启动失灵，启动电阻过流保护、启动电阻热过载保护、换流变压器网侧中性点电压偏移保护或换流变压器阀侧中性点电压偏移保护会发出无判据失灵动作出口，其逻辑如图3－20所示。

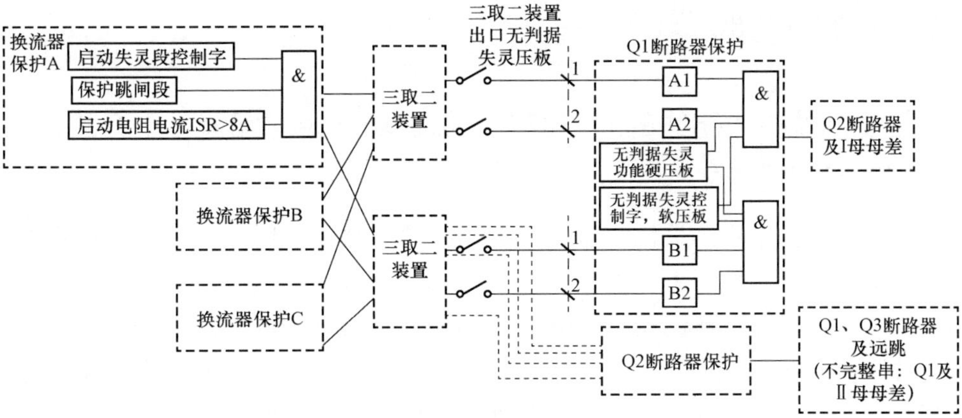

图 3-20　无判据失灵保护出口回路示意图

若正常运行时换流器保护屏启动电阻失灵保护段误动，则会出口启动断路器 Q1、Q2 失灵，在不完整串，会跳开两条母线，造成全站失电；在完整串，会跳开一条母线及串上所有设备。

因此需采取预控措施：

1）启动电阻失灵保护段仅在带启动电阻充电过程中投入，充电过程仅持续数秒，充电结束保护根据启动电阻旁路开关位置退出；

2）换流器充电过程由单开关完成，失灵保护误出口不会同时跳开两条母线；

3）换流器保护经三取二逻辑出口，单套保护误动不会造成失灵出口。

83. 柔性直流换流站如何实现直流侧故障隔离?

目前处理柔性直流换流站直流故障的解决方案主要有以下几种：

（1）交流断路器方案，利用交流侧开关跳闸来切断直流网络与交流系统的连接。

（2）直流断路器方案，利用直流断路器来切断故障电流，隔离故障。

（3）子模块拓扑方案，采用具有直流侧故障清除能力的换流器拓扑，借助换流器自身控制实现直流侧短路故障的自清除。

（4）桥臂阻尼方案，利用交流侧开关跳闸加桥臂阻尼的方法，隔离故障。

84. MMC 常用的调制方式是什么? 如何实现?

MMC 常用最近电平逼近调制法（NLM）。

最近电平逼近调制法原理如图 3-21 所示。它的工作机理是用最近的电平瞬时逼近调制波，并从换流器所能生成的电平中选择与调制波最接近的电平作为控制信号，触发子模块使相应数目的子模块投

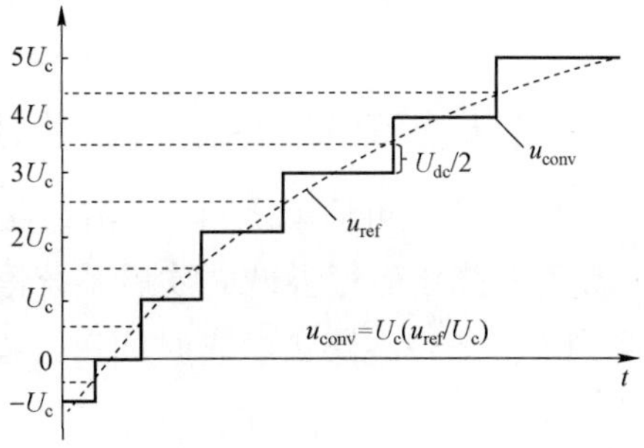

图 3-21　最近电平逼近调制法原理

入，产生所需的电平输出。

85. 基于南瑞技术路线的“三取二”保护功能如何配置？单套故障后的逻辑功能如何变化？

本工程直流保护采用三重化配置，出口采用三取二逻辑判别。该三取二逻辑同时实现于独立的三取二主机和控制主机中。即：

（1）三取二主机。在换流器层、极层冗余配置，采用单独的 PCS－9540 直流保护装置实现，与保护主机使用同一个硬件平台。三取二主机接收各套保护分类动作信息，其三取二逻辑出口实现跳换流变压器开关、启动开关失灵保护等功能。

（2）控制主机三取二逻辑。在各层控制系统主机中，配置相同的三取二逻辑。

各控制主机同样接收各套保护分类动作信息，通过相同的三取二保护逻辑出口，实现闭锁、跳交流开关等功能。极层、线路层、换流器层的三套保护，均以光纤方式分别与三取二装置和本层的控制主机进行通信，传输经过校验的数字量信号。三重保护与三取二逻辑构成一个整体，三套保护主机中有两套相同类型保护动作被判定为正确的动作行为，才允许出口闭锁或跳闸，以保证可靠性和安全性。此外，当三套保护系统中有一套保护因故退出运行后，采取二取一保护逻辑；当三套保护系统中有两套保护因故退出运行后，采取一取一保护逻辑；当三套保护系统全部因故退出运行后，换流器闭锁停运；当两套跳闸三取二逻辑全部因故退出运行后，换流器闭锁停运。

86. 阀控系统主要实现什么功能？

阀控系统可以接收控制保护系统下发的调制波信号以及其他一些必需的控制信号，将其转换为控制脉冲后发送给子模块控制器，同时接收子模块控制器的回报信号，经过整理后上送给控制保护系统。具体功能如下：

（1）实现单个换流器 6 个桥臂的总体控制，接收上层控保系统的调制波、解闭锁和充电指令等控制命令，并将阀控系统的状态信息返回。

（2）实现调制波转换成子模块控制脉冲、环流抑制、硬接点跳闸出口等。

（3）实现子模块均压控制、开关频率优化、桥臂过流保护等。

87. 极控制系统中配置的保护性监视功能有哪些，有什么作用？

（1）线路再启动逻辑。直流线路瞬时性故障的恢复措施。当故障无法消除时将尝试降压运行；降压运行尝试失败后系统停运。线路再启动逻辑通过移相操作，迅速将直流电压降到零；等待线路去游离时间后，撤销移相命令；系统重新建立到故障前的电流、电压，恢复运行。

（2）LCC 空载加压试验保护。仅在空载加压试验（或称开路试验）时投入。该保护检测空载加压时由于设备绝缘损坏导致试验不成功。

（3）VSC 空载加压试验保护。仅在空载加压试验（或称开路试验）时投入。该保护检测空载加压时由于设备绝缘损坏导致试验不成功。

（4）不平衡运行保护。检测整流站和逆变站投入运行的换流器个数是否相同，确保各站运行在电压平衡状态下。

（5）直流高速关联开关（HSS）开关分闸/合闸失灵保护。HSS 不承担灭弧功能，因此不存在灭弧失败导致开关失灵的情况。即 HSS 开关如果发生分闸失灵则很大可能是由于机械故障引起的，并且 HSS 没有电气量特征，因此只能通过分 HSS 开关命令和 HSS 分位位置来实现分闸失灵保护。

88. 柔性直流换流站换流变压器分接头控制模式有哪些，分别有什么作用？

换流变压器分接头控制按以下方案对换流变压器分接头位置进行调整：

（1）手动模式。对单相换流变压器分接头的移动或所有换流变压器分接头的同步移动；最大换流器理想空载电压 U_{di0} 或阀侧电压限制。

（2）自动模式。空载控制；VSC 站分接头用于维持 VSC 阀侧电压恒定或者调制比恒定；对最大换流器理想空载直流电压 U_{di0} 或阀侧电压进行限制；分接头自动同步。

89. 什么叫 MMC 的电压调制比？为什么会出现过调制？过调制有什么现象？

设 MMC 单相基波等效电路中上下桥臂间的虚拟等电位点为 Δ，并设其电压为 U_{diff}，则定义 MMC 的输出电压调制比 m 等于 Δ 上的基波相电压幅值 U_{diffm} 除以（$U_{dc}/2$），即

$$m=\frac{U_{diffm}}{U_{dc}/2} \tag{3-18}$$

同时，m 也可以理解为桥臂差模电压的基波幅值除以（$U_{dc}/2$）。

由于全桥型 MMC 桥臂可以输出负电压，因此可以实现过调制，过调制是要求输出的基波交流相电压幅值大于（$U_{dc}/2$），即 $m>1$。

如果是半桥型模块，过调制时输出的基波交流相电压会出现削顶现象。

90. 为什么全桥型 MMC 具备故障自清除能力？

传统半桥 MMC 的直流故障发生时一般都是将换流器闭锁，通过直流断路器来开断故障电流。但是由于换流器的闭锁，会导致交流侧无功补偿的中断。

而全桥 MMC 可以在换流器闭锁之前，利用其可以工作在低电压甚至负电压的特性，把故障电流控制到零，无功补偿也不会被切断，完成故障自清除。

91. 为什么与常规直流相比，柔性直流没有无功补偿的问题？

由于 VSC 换流站可灵活的实现自主关断，无须交流侧提供换相电流和反向电压，从而避免消耗大量的无功功率，并且稳态运行时可以实现独立有功功率与无功功率控制，在一定程度上还能动态补偿交流系统无功缺额，稳定交流系统电压。因此柔性直流不存在无功补偿问题。

第四章　±800kV 多端 LCC–MMC 混合直流输电技术

92. 多端定直流功率控制如何实现?

定直流功率控制是多端直流输电系统的主要控制模式，控制系统根据有功功率参考值控制换流器与交流系统交换的有功功率。在有功功率控制下，为了保持直流输送功率恒定，控制系统通过对交流电流的调整来补偿电压的波动。定有功功率控制器至少包括 3 个环节，分别是比较环节、比例积分环节、电流限幅环节，如图 4–1 所示。具体参数的整定还要参照响应时间、暂态稳定性等要求。

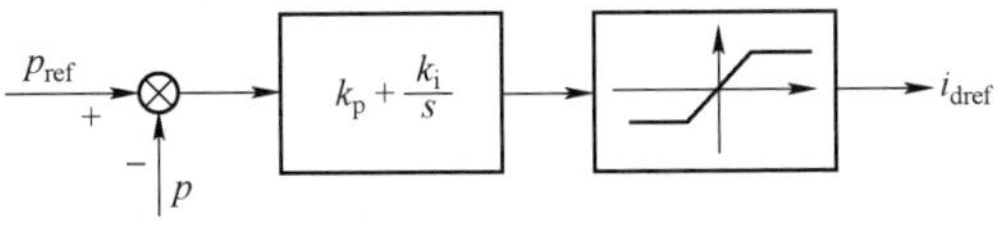

图 4–1　定有功功率控制器

93. 多端定直流电压控制如何实现?

采用定直流电压控制的换流器可以用于平衡直流系统有功功率和保持直流侧电压稳定。直流电压控制产生的电流指令控制流过换流器的有功功率的大小，保持直流侧的电压为设定值。

图 4–2 所示为定直流电压控制器，直流电压和直流电压指令的偏差经 PI 调节后得到有功电流的参考值。

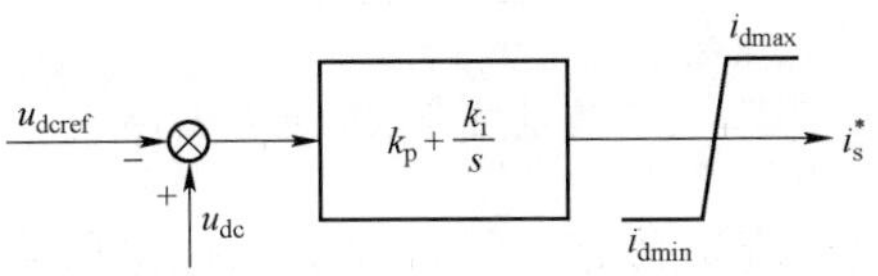

图 4–2　定直流电压控制器

94. 多端定直流电流控制如何实现？

直流电流控制器根据直流电流指令值计算产生有功功率指令后，采用有功功率控制的方式对换流器进行控制。直流电流控制器中同时配置了电流裕度环节以保证正常运行下定直流电压 VSC 站处于直流电压控制，电流裕度值一般可取为 0.05p.u.～0.2p.u.。当整流侧 LCC 站由于交流系统电压下降进入最小触发角状态时，多端混合直流输电系统的直流电压将由整流站决定，直流电流控制需由逆变侧定直流电压 VSC 站接管以保证直流系统的持续运行，逆变侧定直流电压 VSC 换流站直流电流控制器中的电流裕度环节将接管直流电流控制。

95. 多端直流线路故障重启控制原理如何实现？

直流线路故障重启时序如图 4-3 所示。三端运行时，任何一个站线路保护动作（行波或突变量）后，首先会启动本站的移相（常规直流站）或者控电压到零操作（柔性直流站），另两站也启动移相或者控零压操作。

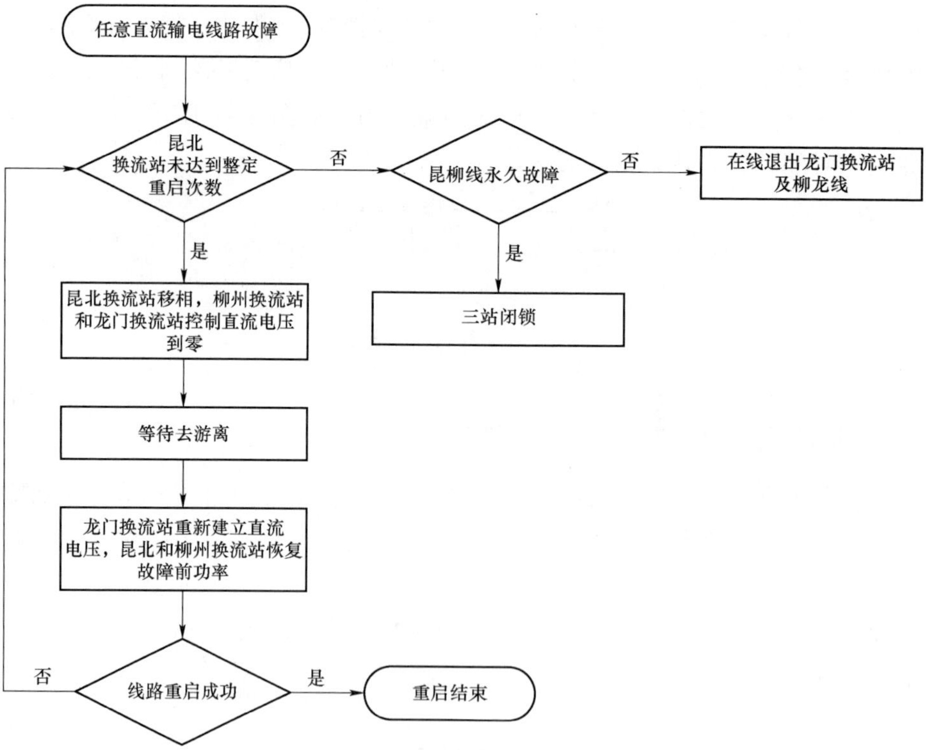

图 4-3　直流线路故障重启时序图

线路故障发生后，常规直流站移相，柔性直流站控电压到零，故障电流快速降到零；等待去游离时间结束后，常规直流站发出重启指令，将角度恢复回正常运行角度，柔性直流站恢复电压，三站协调重启，一次线路重启完成。

若为昆柳线路永久故障，在重启次数用完之后，将会执行三站闭锁。若为柳龙线路永久故障，在重启次数用完之后，将会执行龙门换流站退站操作，将柳龙线和龙门换流站退出运行。

96. 多端直流线路发生相继故障时控制策略是怎样的?

（1）对单极线路故障原则上开放 1 次线路故障再启动。

（2）对双极线路故障原则上开放前故障极 1 次线路故障再启动，闭锁后故障极线路故障再启动。特殊运行方式下（如伪三端运行方式），可开放后故障极 1 次线路故障再启动。

（3）前故障极再启动过程中，或者前故障极处于柳州—龙门段故障后的昆北—柳州段恢复过程中，若发生另一极线路故障，立即终止前故障极再启动或恢复进程，闭锁双极。该功能可投退。

（4）从故障后云南峰值频率来看，判定双极故障的相继时间定值不可短于 5s。以往直流工程该定值常设定为 900s，可考虑通过更为全面的评估，适当缩短该定值。

97. 多端直流功率分配原则是怎样的?

（1）故障功率分配。考虑到南方电网主网潮流具有西电东送、云南频率越限等特征，针对直流三端运行时故障后的功率分配主要原则如下：

1）昆柳龙直流柔性直流单元考虑无长期过负荷能力，各端功率分配时须满足安全运行约束条件。其中，云南侧极最大电流 5000A；广东侧极最大电流 3125A；广西侧极最大电流 1875A。

2）直流换流器故障时，在满足安全运行约束条件下，各端故障后分配功率时尽量减少直流功率的绝对损失量，有利于减少系统频率偏差，特别是减少对云南端的系统频率影响。

3）昆柳龙直流故障后各端直流功率分配时需兼顾入地不平衡电流的控制要求，在直流总功率不变时优先考虑入地不平衡电流较小的方案。

4）基于南方电网主通道为西电东送特征，故障后各端功率分配时广东端分配功率多时可降低对广东广西交流断面功率影响，在满足安全运行约束条件下尽量保证广东端直流功率。

5）某端发生单换流器故障，一般应闭锁所有端的相应换流器。广西端发生单换流器故障还可通过选择控制字闭锁本站故障换流器所在极。

6）发生极故障，若为送端云南端发生极闭锁故障，同时闭锁受端两端的对应极；若为受端极发生闭锁故障，仅闭锁本站的故障极，不闭锁其他两端的极。

7）发生极故障时的功率分配，广东端本极损失功率转移时优先考虑向本站另一极转移，其次再在各端站间进行功率转移；广西端本极损失功率转移时优先在各端站间进行功率转移，其次再考虑向本站另一极转移。

8）单极单换流器运行时，该换流器故障按照极故障处理。

9）受端发生同极双换流器故障，优先按照极故障处理。

10）采用直流两端运行方式时参考已有的直流功率，例如云南送广东或云南送广西模式，某一端换流器故障后闭锁另一端的相应换流器。

（2）紧急功率分配的分配原则见表4-1。

表4-1　　紧急功率分配原则

故障类型	故障端	故障后功率分配原则
单换流器故障	云南端 广东端 广西端 （广西端控制字为闭锁各端对应换流器）	云南、广东、广西任一端发生单换流器故障后，闭锁云南、广东、广西端对应换流器，不新增不平衡入地电流。 功率分配： （1）故障前直流功率 P_{DC}>直流剩余换流器容量时，故障后各端直流功率均按照直流剩余换流器容量运行。 （2）故障前直流功率 P_{DC}≤直流剩余换流器容量时，故障后云南端直流功率仍按照 P_{DC} 运行；广东、广西端故障前直流运行功率均在剩余换流器的额定容量范围内，各端的运行功率不进行重新分配计算；广东端（或广西端）故障前直流运行功率超出剩余换流器的额定容量范围，则超出容量重新分配到广西端（或广东端）
	广西端 （广西端控制字选闭锁本站对应故障极）	广西端发生单换流器故障后，广西端闭锁相应故障换流器的运行极，广西端转为单极运行，云南、广西端新增不平衡入地电流。 功率分配： 按照单极故障进行功率分配
单极故障	云南端	云南端发生单极故障后，闭锁广东、广西端对应极，各端新增不平衡入地电流

98. 多端直流汇流母线保护原理是什么?

汇流母线采用差动保护。

保护原理：

第Ⅰ段　$|I_{DL\_BUS}-I_{DL\_KL}-I_{DL\_LL}|>I_{set}$ & $U_{DL\_BUS}<U_{set}$

第Ⅱ段：　$|I_{DL\_BUS}-I_{DL\_KL}-I_{DL\_LL}|>I_{set}$

式中：I_{DL_BUS} 为柳州站极母线电流；I_{DL_KL} 为柳州站昆柳线电流；I_{DL_LL} 为柳州站柳龙线电流；U_{DL_BUS} 为汇流母线电压。

99. 多端直流输电系统如何实现金属大地转换?

转换到金属回线或大地回线分为以下几步：

（1）中性线区域建立并联路径。

（2）分开逆变站的金属回线转换开关（MRTB）或者大地回线转换开关（GRTS），断开原来路径的电流。

（3）为了使得 MRTB 承受的应力最小，金属回线建立后，金属回线电流达到稳定值后再打开。

（4）如果 MRTB 没有能够断开大地回线电流，它会被重新合上。该重合由断路器失灵保护启动。

当金属回线和大地回线之间的转换是在正常运行中进行的，还考虑到以下条件：

（1）极直流电流不能大于 GRTS 的最大开断电流和低环境温度下的最大持续电流。

（2）大地回线必须在断开金属回线前建立，因此，如果大地回线中测量到的直流电流小于预定值时要闭锁 GRTS 的操作。

为了使得 GRTS 承受的应力最小，应该在大地回线建立后，大地回线中的电流达到稳定时才允许打开 GRTS。

图 4-4 和图 4-5 列出了极 1 进入大地回线/金属回线的顺序操作过程。各站的极 2 均认为处于极隔离状态。

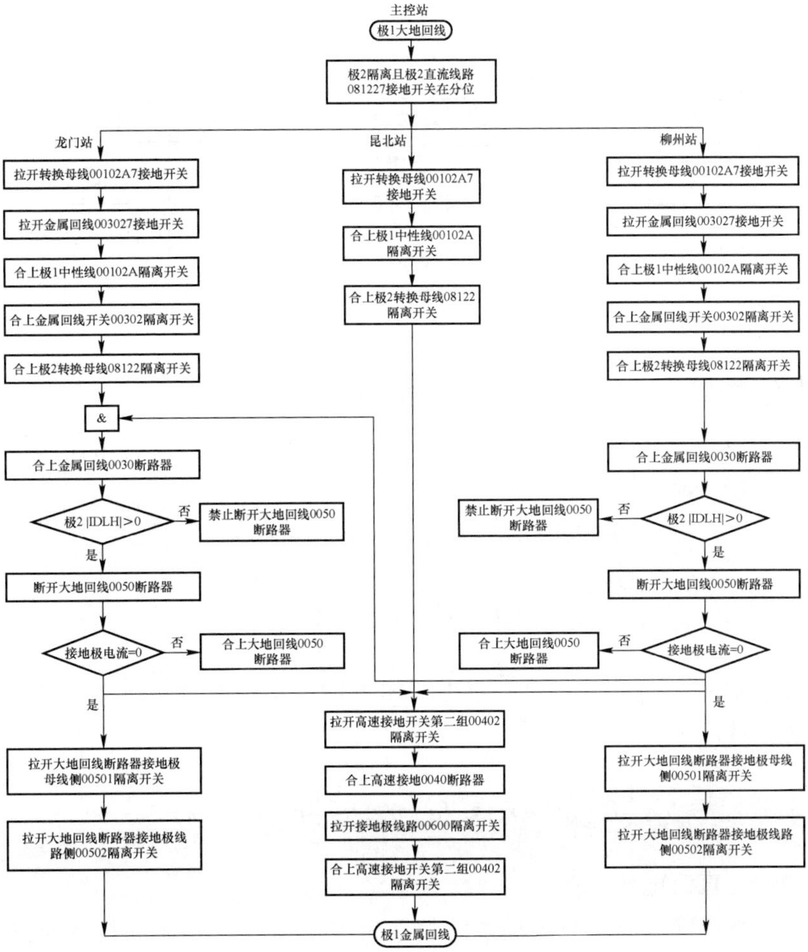

图 4-4　大地回线切换到金属回线

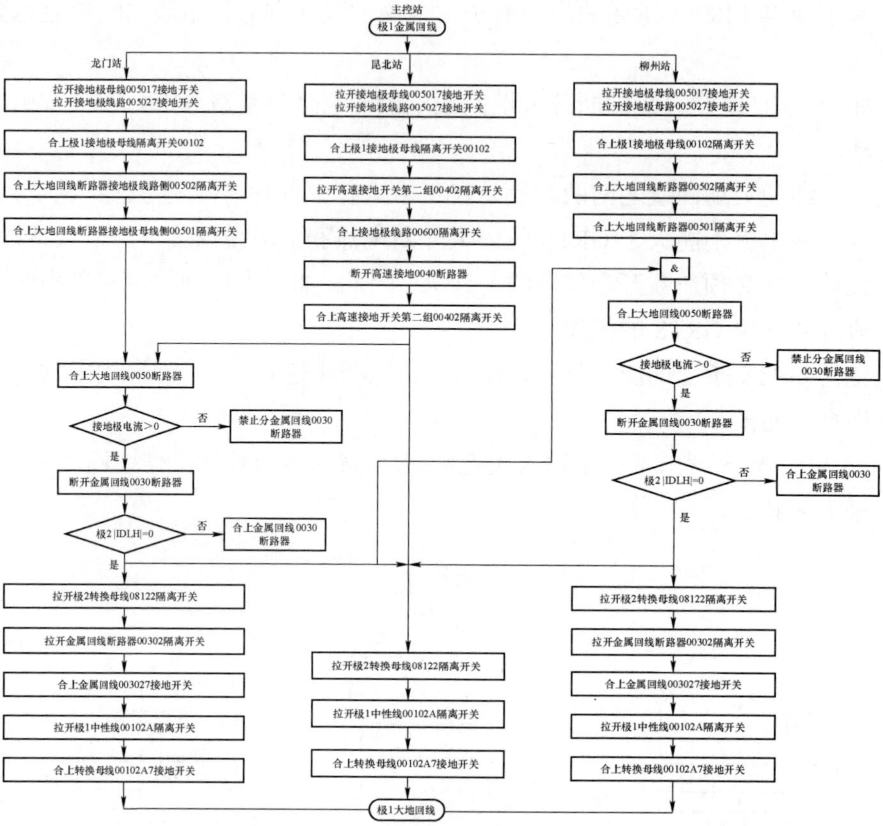

图 4-5　金属回线切换到大地回线

100. 半全桥混合拓扑模块比例如何进行最优配置?

根据题 65 中对 MMC 进行的数学建模，已经得到了 MMC 桥臂电压的表达式：

$$u_{pj}=\frac{U_{dc}}{2}-u_{diffj}-L_0\frac{di_{pj}}{dt}-R_0 i_{pj} \tag{4-1}$$

$$u_{nj}=\frac{U_{dc}}{2}+u_{diffj}-L_0\frac{di_{nj}}{dt}-R_0 i_{nj} \tag{4-2}$$

结合交流电压调制比 m，可以知道上下桥臂电压必须要满足以下不等式，此处忽略了 L_0、R_0 的影响。

$$\frac{1}{2}U_{dcN}(1-m)\leqslant\{u_{pj},u_{nj}\}\leqslant\frac{1}{2}U_{dcN}(1+m) \tag{4-3}$$

式中：U_{dcN} 为额定直流电压。

同时定义每个桥臂上的全桥子模块的数量为 N_f，半桥子模块的数量为 N_h。所以桥臂的最高输出电压和最低输出电压可以表示为：

$$\begin{cases}\{u_{pj},u_{nj}\}_{max}=(N_f+N_h)U_{cN}\\\{u_{pj},u_{nj}\}_{min}=-N_fU_{cN}\end{cases}\tag{4-4}$$

式中：U_{cN} 为电容额定电压。

由此可以得到在额定运行的情况下，全半桥模块比例的约束条件：

$$\begin{cases}(N_f+N_h)U_{cN}\geqslant\frac{1}{2}U_{dcN}(1+m)\\-N_fU_{cN}\leqslant\frac{1}{2}U_{dcN}(1-m)\end{cases}\tag{4-5}$$

降压运行时，也要求产生正常的交流电压值，此时定义直流调制比 M：

$$M=\frac{U_{dc}}{U_{dcN}},\quad U_{dcmin,pu}\leqslant M\leqslant 1\tag{4-6}$$

式中：U_{dcN} 为额定直流电压；$U_{dcmin,pu}$ 为允许的最小的直流运行电压标幺值。

为使混合 MMC 在进入最小续流电压前，保有稳定运行和继续传输功率的能力，还应考虑直流故障穿越和电容电压平衡需求，因此在设计过程中还需要对约束条件进行改进。最后可以把全桥子模块数量 N_f 表示为：

$$N_f=\begin{cases}\left\{\frac{\sqrt{3}m}{4}N,\frac{m-U_{dcmin,up}}{2}N\right\}_{max},U_{dcmin,pu}>0.5m\\\frac{3m}{4}N,U_{dcmin,pu}\leqslant 0.5m\end{cases}\tag{4-7}$$

101. 如何保证高低阀式柔性直流输电系统的稳态与动态性能?

高低阀式柔性直流输电系统的每个阀都有一个独立的控制器，对于直流电压控制侧，由于其交流侧是并联关系，在没有额外的均流控制的情况下，可能会出现不均流的问题；对于有功功率控制侧，直流侧串联的两个阀之间的直流电压可能会出现不一致的问题，即不均压问题。

若高低阀式柔性直流输电系统采用现有的控制方法，则系统一旦出现扰动，很容易出现上述的不均流和不均压的问题，亟须解决。

图 4-6 提供一种适用于高低阀结构的柔性直流输电系统的控制方法和控制装置，通过在直流电压控制侧加入阀间均流的控制策略以达到同一极高阀与低阀交流侧之间的均压控制，在有功功率控制侧加入阀间均压控制策略以达到同一极高阀与低阀直流侧之间的均压控制，以及在有功功率控制侧加入直流电压超限控制策略以达到各个换流阀的直流电压超限控制，从而能够改善直流电压控制侧的不均流问题，改善有功功率控制侧的不均压问题，以及改善直流电压超限的问题，确保高低阀式柔性直流输电系统具有良好的稳态及动态性能。

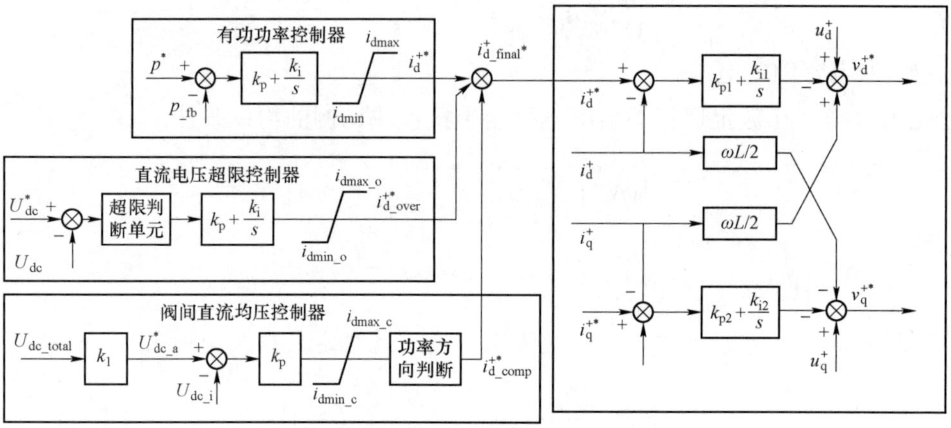

图 4-6 同极换流阀之间的均压和均流的控制方案

102. 多端直流系统中功率调制功能有哪些?

（1）功率回降。涉及送端交流系统损失发电功率或受端交流系统甩负荷等事故，可能要求自动降低直流输送功率。功率回降功能可作用于功率/电流指令，也可以通过限制电流幅值方式实现功率回降。

（2）功率提升。涉及受端损失发电功率或送端甩负荷故障时，有可能要求迅速增大直流系统的功率，以便改善交流系统性能。功率提升功能可以通过接收外部信号或判断电气量信号实现增大输送功率。

（3）快速功率翻转。为了满足交流系统稳定的需要，提供快速功率翻转功能。该功能应由直流极控系统本身启动，而不需要由运行人员启动。

103. 无通信情况下 LCC-MMC 多端混合直流输电如何停运?

站间通信故障情况下，直流停运时，运行人员须通过电话沟通、协调，确保整流站先于逆变站闭锁。

下面说明在站级模式下具体的操作：

需两站停运且站间通信故障时，运行人员在整流侧 LCC 站或定功率 VSC 站输入升降速率后，点“停运极/双极”，整流侧按照设置的升降速率降至最小功率后闭锁，确认整流侧闭锁后运行人员在逆变侧定直流电压 VSC 站点“停运极/双极”执行闭锁。

需三站停运且站间通信故障时，运行人员在整流侧 LCC 站或定功率 VSC 站输入升降速率后，点“停运极/双极”，整流侧按照设置的升降速率降至最小功率后闭锁，确认整流侧闭锁后逆变侧定功率 VSC 站运行人员点“停运极/双极”执行闭锁，之后逆变侧定直流电压 VSC 站运行人员点“停运极/双极”执行降压并闭锁。

104. MMC 多端混合直流输电系统接线方式有哪些?

柔性直流输电系统的接线方式有两种，一种是对称单极接线，另一种是对称双极接线。接线方式如图 4-7 所示。

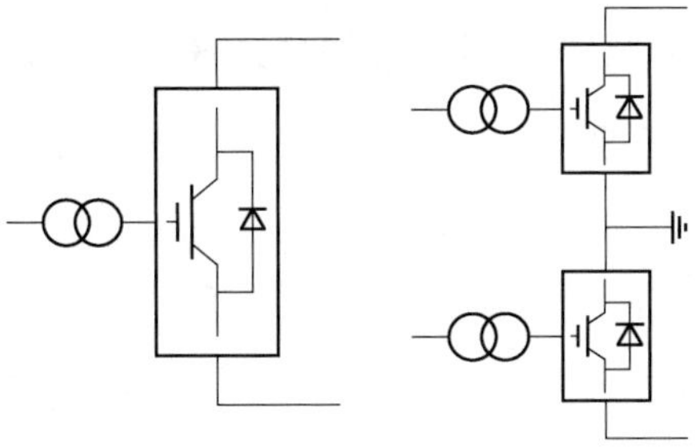

图 4-7　柔性直流输电系统接线方式

（a）对称单极接线；（b）对称双极接线

105. LCC-MMC 多端混合直流输电系统各站间是如何实现投退的?

以昆柳龙直流工程为例，处于主控站控制模式的换流站针对整个直流输电系统发出的控制命令从而协调运行各站。

（1）投入运行。首先，运行人员在主控站将直流系统操作至系统级，选定控制模式（单极电流/双极功率），输入昆北换流站和柳州换流站电流/双极功率目标指令以及速率，并点击执行按钮，待三站待启动极准备运行（RFO）状态满足，点击启动极/双极按钮。当主控站极控系统收到运行人员输入的起动命令后，通过站间通信控制系统将各自直流功率/电流指令更新为目标值，并发送起动命令至换流器控制主机，同时协调控制各站起动过程。先解锁逆变侧定直流电压 VSC 站，将直流电压升至控制目标值，接着解锁逆变侧定功率 VSC 站，之后解锁整流侧 LCC 站，直流电流/功率以指定的速率升至电流/功率指令值。

其次，电流/双极功率目标指令以及速率仅在整流站输入，启停极操作分站执行。操作顺序如下：运行人员首先在昆北换流站输入昆北换流站和柳州换流站最小电流/双极功率目标指令以及速率，并点击执行按钮，待三站待启动极 RFO 状态满足，电话沟通配合依次在龙门换流站、柳州换流站、昆北换流站点击极/双极启动按钮。

最后，站级模式下，先解锁逆变侧定直流电压 VSC 站，将直流电压升至控制目标值，接着解锁逆变侧定功率 VSC 站，之后解锁整流侧 LCC 站，各站直流功率先升至最小功率，运行人员手动输入电流/双极功率目标指令以及速率后，直流电流/功率以指定的速率升至电流/功率指令值。

（2）退出运行。首先运行人员在主控站输入升降速率并点击执行按钮后，点“停运极/双极”，直流系统电流/双极功率按照设置的升降速率降至最小功率后整流侧 LCC 站先闭锁，之后逆变侧定功率 VSC 站闭锁，定直流电压 VSC 站降压后闭锁。最后运行人员在整流侧 LCC 站输入升降速率并点击执行按钮后，点“停运极/双极”，整流侧按照设置的升降速率降至最小功率后闭锁，逆变侧定功率 VSC 站闭锁，定直流电压 VSC 站收到逆变站定功率 VSC 站闭锁状态指示信号后降压并闭锁。

106. LCC–MMC 多端混合直流输电系统高低换流器是如何实现在线投退的?

（1）换流器投入。当每个站换流器接收到投入指令，LCC 侧会对换流变压器进行充电，MMC 侧进行预充电，此时电流全部流经旁路开关（BPS）支路。之后 LCC 侧会通过调整触发角，把 BPS 支路电流转移到换流器。MMC 侧则通过类似的调制，将 BPS 支路电流转移到换流器，但是要保证换流器直流电压保持为 0。当 BPS 支路电流低于设定值时，发出分 BPS 指令。随后 MMC 侧会发送升压信号，抬升电压值至额定。随着电压的抬升，电流会下降，以保证输出功率的平衡。

（2）换流器退出。当换流器收到退出指令后，LCC 侧按照设定的速率降低电压目标值，通过近反余弦曲线增大触发角，线性降低换流器端口电压。MMC 侧采用线性减小调制系数来降低换流器端口电压。当换流器直流电压降低到 0.05p.u.，系统会发出合 BPS 指令。随后系统会闭锁换流器，并且会增加电流输出，使得直流功率与投入之前相同。

107. LCC–MMC 多端混合直流输电系统的系统级控制主要包含哪些方式?

多端混合直流输电系统的系统极控制主要包含主从控制，直流电压控制，直流电压下斜控制三种方式。

108. 主从控制策略的原理是怎样的?

主从控制的原理是只有一个换流站使用定电压控制，其余换流站按照各自合适的控制方法进行控制。采用定电压控制的换流站被称为主控站，其余参与系统极协调控制换流站被叫作从控站，不参与极控制的换流站叫作常规换流站。

下面以四端柔性直流系统为例，来分析主从控制的原理。该系统中换流站 1、4 为整流端，2、3 为逆变端，且 1 为主换流站，2 为从换流站，其余换流站为常规换流站，各个换流站从正常运行状态到主站退出运行时控制原理如图 4–8 所示。

在正常运行时，主换流站 1 使用定电压控制，从换流站和常规换流站都采用定有功功率控制。当发生故障时，主换流站要退出运行。此时系统电压无法由主换流站来维持，此时从换流站要代替主换流站，转换成定电压控制，为系统提供直流电压控制。其余换流站的控制方式不变，以此来维持系统传输功率的平衡。

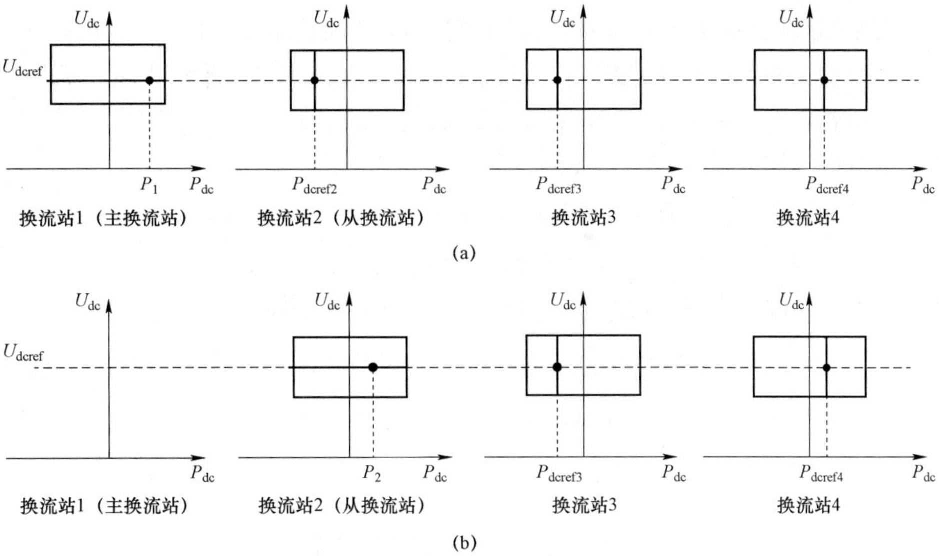

图 4-8 四端柔性直流输电系统主从控制方式原理示意图

（a）正常运行；（b）主站退出运行

109. 直流电压裕度控制策略的原理是怎样的?

直流电压裕度控制与主从控制十分类似，也将换流站分为主换流站和从换流站。唯一不同的是，在从换流站的定电压控制所选取的电压并不是其额定电压，而是以主换流站的工作状态有关。这就相比于主从控制，省去了主从换流站之间的通信。下面仍旧以四端柔性直流系统为例，来分析直流电压裕度控制的原理，如图 4-9 所示。

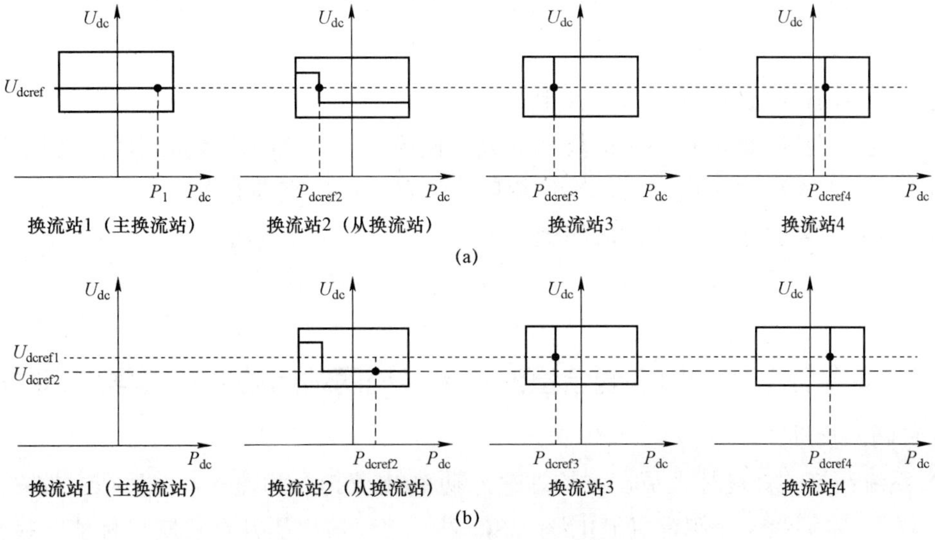

图 4-9 直流电压裕度控制原理示意图

（a）正常运行；（b）换流站 1 退出运行

正常工作的时候，主换流站 1 使用定电压控制，从换流站和常规换流站都采用定有功功率控制。当发生故障时，主换流站要退出运行。此时系统电压无法由主换流站来维持，此时从换流站要代替主换流站，当直流电压降低到一定值的时候，系统会为从换流站设置新的电压参考值。这之后系统会达到新的平衡。

直流电压裕度控制无须站间的通信，但是系统电压无法恢复到额定值。

110. LCC-MMC 多端混合直流输电系统如何进行绝缘配合?

LCC-MMC 多端混合直流输电系统采用了较新的技术，在对于绝缘配合这方面要根据系统的运行特点以及绝缘配合的标准原则，确定换流站的避雷器的参数与方案。然后通过系统过电压对避雷器进行校核，最终确定换流站设备的绝缘水平。绝缘配合流程如图 4-10 所示。

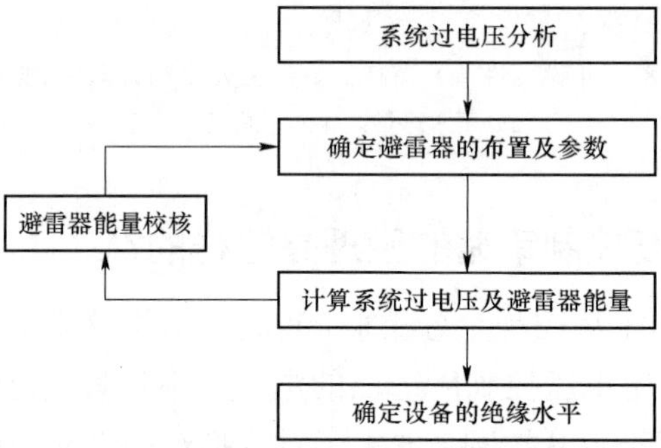

图 4-10　绝缘配合流程图

111. 多端 LCC-MMC 混合直流输电系统单站启动顺控流程是怎样的?

（1）闭合阀厅门并锁定。

（2）顺序操作换流器到停运或备用状态。

（3）连接直流接地极和直流极公共部分，使极处于大地回线或金属回线连接状态。

（4）换流器充电条件满足后，操作相应换流器到可控充电状态。

（5）确认设备具备运行条件，解锁换流器。

（6）解锁正常后，以“站投入”方式投入直流系统。

112. 多端 LCC-MMC 混合直流输电系统两站启动顺控流程是怎样的?

（1）两站启动：

1）系统级模式。运行人员在主控站输入功率/电流指令和速率，然后在主控站点“起动极/双极”，先解锁逆变侧定直流电压 VSC 站，将直流电压升至控制目标值，接着解锁整流侧 LCC 站或定功率 VSC 站，直流功率以指定的速率升至功率指令值。

2）站级模式。运行人员在逆变侧定直流电压 VSC 站先点“起动极/双极”，阀解锁后将直流电压升至控制目标值；整流侧 LCC 站或定功率 VSC 站点“起动极/双极”，直流功率升至最小功率水平；再在整流侧 LCC 站或定功率 VSC 站输入功率/电流指令后，直流系统从最小功率以指定的速率升至功率指令值。

（2）两站停运：

1）系统级模式。运行人员在主控站输入升降速率，点“停运极/双极”，直流系统功率/电流按照设置的升降速率降至最小功率后整流侧 LCC 站或定功率 VSC 站先闭锁，之后逆变侧定直流电压 VSC 站闭锁。

2）站级模式且站间通信正常。运行人员在整流侧 LCC 站或定功率 VSC 站输入升降速率后，点“停运极/双极”，整流侧按照设置的升降速率降至最小功率后闭锁，逆变侧定直流电压 VSC 站收到整流侧闭锁状态指示信号后闭锁。

3）站级模式且站间通信故障。运行人员在整流侧 LCC 站或定功率 VSC 站输入升降速率后，点“停运极/双极”，整流侧按照设置的升降速率降至最小功率后闭锁，确认整流侧闭锁后运行人员在逆变侧定直流电压 VSC 站点“停运极/双极”执行闭锁。

113. 多端 LCC-MMC 混合直流输电系统三站启动顺控流程是怎样的?

（1）三站启动：

1）系统级模式。运行人员在主控站输入功率/电流指令和速率，然后在主控站点“起动极/双极”，先解锁逆变侧定直流电压 VSC 站，将直流电压升至控制目标值，接着解锁逆变侧定功率 VSC 站，之后解锁整流侧 LCC 站，直流功率以指定的速率升至功率指令值。

2）站级模式。运行人员在逆变侧定直流电压 VSC 站先点“起动极/双极”，阀解锁后将直流电压升至控制目标值；运行人员在逆变侧定功率 VSC 站点“起动极/双极”，阀解锁至最小功率水平；整流侧 LCC 站点“起动极/双极”，直流功率升至最小功率水平；再在整流侧 LCC 站输入功率/电流指令后，直流系统从最小功率以指定的速率升至功率指令值。

（2）三站停运：

1）系统级模式。运行人员在主控站输入升降速率，点“停运极/双极”，直流系统功率/电流按照设置的升降速率降至最小功率后整流侧 LCC 站先闭锁，之后逆变侧定功率 VSC 站闭锁，定直流电压 VSC 站降压后闭锁。

2）站级模式且站间通信正常。运行人员在整流侧 LCC 站输入升降速率后，点“停运极/双极”，整流侧按照设置的升降速率降至最小功率后闭锁，逆变侧定功率 VSC 站闭锁，定直流电压 VSC 站收到逆变站定功率 VSC 站闭锁状态指示信号后降压并闭锁。

3）站级模式且站间通信故障。运行人员在整流侧 LCC 站或定功率 VSC 站输入升降速率后，点“停运极/双极”，整流侧按照设置的升降速率降至最小功率后闭锁，确认整流侧闭锁后逆变侧定功率 VSC 站运行人员点“停运极/双极”执行闭锁，之后逆变侧定直流电压 VSC 站运行人员点“停运极/双极”执行降压并闭锁。

114. 多端LCC-MMC混合直流输电系统STATCOM启动顺控流程是怎样的?

运行人员在处于STATCOM方式的定直流电压VSC站点“起动极/双极”，阀解锁后将直流电压升至控制目标值，输入无功指令和速率，无功功率以指定的速率升至无功指令值。

如果本站解锁（站级模式）或者各站都解锁（系统级模式），进入“运行中”状态。

如果处于空载加压试验（OLT）模式，此时换流器处于OLT解锁状态。

115. 直流稳定（调制）控制有哪些功能?

功率摇摆阻尼（PSD）、功率摇摆稳定（PSS）、次同步振荡阻尼（SSR）、频率限制控制（FLC）、功率提升（RunUp）、功率回降（RunBack）、功率限制（PowerLimit）、直流线路故障再启动、接地极电流限制。

116. 直流功率控制模式可采用哪几种模式?

（1）直流功率远方自动控制（automatic direct-current control，ADC）：直流功率控制权在调度主站。调度主站直接下发调控指令至现场控制系统，实时调整直流功率。

（2）功率曲线自动执行（power-schedule automatic control，SAC）：直流功率控制权在现场控制系统。调度下发功率曲线至现场控制系统，控制系统接收后，依照功率曲线发出调控指令，实时调整直流功率。

（3）功率曲线现场执行（power-schedule local control，SLC）：直流功率控制权在现场控制系统。调度下发功率曲线至现场，现场运行人员接收功率曲线后，将功率曲线导入控制系统，直流控制系统依照功率曲线调整直流功率。

（4）手动控制（local manual control，LMC）：直流功率控制权在现场控制系统。现场运行人员依据调度下达功率设定值、变化率，手动设置参数调整直流功率。

117. LCC-MMC三端运行时，线路故障都是LCC端发起重启，为何还需要故障选线?

若首端LCC站至中间端VSC站之间的线路发生永久故障，在重启次数用完之后，将会执行三站闭锁；若为中间端VSC站至末端VSC站之间的线路发生永久故障，在重启次数用完之后，将会执行末端VSC站退站操作。

第五章 ±800kV 多端 LCC-MMC 混合直流输电系统一次主设备

118. 常规直流和柔性直流换流站的穿墙套管如果能完全互换使用，需要考虑哪些因素?

需要考虑户外环境条件、阀厅内设备使用条件、电气、机械、热负荷等各方面的综合影响因素，确保该套管在各站具有完全的互换性。

119. 列举±800kV 穿墙套管的结构器件，至少举出 6 种器件。

直流穿墙套管由环氧树脂浸纸电容芯子、户内外硅橡胶复合外套、中间连接法兰、载流导电管、均压环和均压罩等组成，结构如图 5-1 所示。

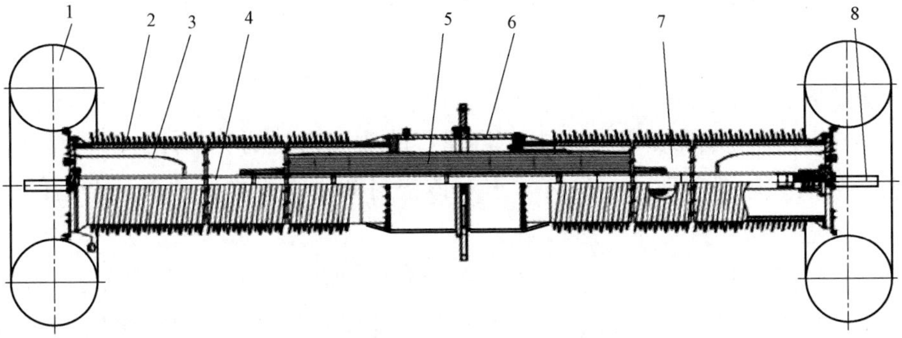

图 5-1 ±800kV 直流穿墙套管结构

1—均压环；2—硅橡胶复合外套；3—均压罩；4—载流导电管；5—电容芯子；6—法兰；7—SF_6 气体；8—接线端子

120. 电容芯子作为环氧树脂浸纸电容式穿墙套管的基本结构之一，简述其特点。

环氧树脂浸纸电容式穿墙套管的主绝缘电容芯子为一体式设计，具有结构简单，重量轻，整体结构紧凑等特点，不存在以前分段式结构中位于两节电容芯子中间连接部位的表带对接式结构、汇流对接结构。另外，一体式电容芯子内部采用整体式载流导电管，其载流性能更加可靠，该种穿墙套管结构目前已经广泛应用于国内 8GW 和 10GW 直流输电工程中。

121. 400kV 的直流穿墙套管的型式试验项目有哪些？

（1）工频干耐受电压试验带局部放电测量。

（2）雷电冲击干耐受电压试验。

（3）操作冲击湿耐受电压试验（户外套管）。

（4）直流耐受电压试验并局部放电测量。

（5）温升试验。

（6）热短时电流耐受试验。

（7）悬臂负荷耐受试验。

（8）无线电干扰电压试验。

（9）充气、气体绝缘和气体浸渍套管的内压力试验（充气式或气液浸渍式套管）。

（10）尺寸检查。

122. 换流变压器穿墙套管的常见运行故障有哪些？如何进行处理？

常见故障有发热、油渗漏、SF_6 压力低等。对应的处理措施如下：

（1）发热故障。通过检修消缺，检查套管导电杆与外部接线板之间是否接触良好；工艺是否达标；需要夹紧螺栓连接的位置是否处于紧固状态；查看导电头内螺纹与变压器绕组引线接头的螺纹是否接触良好；引线接头等位置是否工艺达标；导电杆的外绝缘是否良好。发现异常现象立即处理并消缺。

（2）油渗漏。

1）对套管渗油变压器处理过程中，将套管的头部密封圈等部件拆卸，检查其弹性、有无老化、破损、龟裂等现象。如有，需对该密封圈进行更换，并保证合适的压缩量；没有则重新紧固安装，进行下一步检查。

2）检查套管的底部法兰连接处是否接触良好，四周螺栓受力是否均匀，密封垫在安装槽内无变位情况，且压缩量满足运行要求。如发现问题，立即进行消缺，保障变压器的良好运行。

（3）SF_6 压力低。

1）检查穿墙套管 SF_6 压力是否正常，各压力读数是否一致，汇报调度及领导。若压力正常，通知维护人员检查处理。

2）若有就地 SF_6 压力表计，一个 SF_6 压力低于报警值，其他压力表 SF_6 压力正常，通知维护人员检查处理。两个及以上压力表 SF_6 压力低于报警值，加强现场 SF_6 压力监视。若无就地 SF_6 压力表计，加强后台 SF_6 压力监视。

3）若 SF_6 压力无明显下降，通知维护人员检查处理。

4）若 SF_6 压力有缓慢下降，在达到Ⅱ段报警后，经领导批准向调度申请将相应换流器退出，通知维护人员处理。若 SF_6 压力迅速下降，经领导批准向调度申请将相应换流器退出，通知维护人员处理。

5）若 SF_6 压力低造成换流器闭锁，按照《单换流器闭锁应急处置作业标准》处理。

123. 穿墙套管的运维项目有哪些？

（1）复合绝缘子：

1）伞裙无破裂、烧伤，伞裙和绝缘支柱无蚀损，无龟裂老化现象，金属附件和均压环无变形、扭曲、脱落、倾斜等异常情况。

2）套管上无异物搭接。

（2）SF_6 压力表观察窗面清洁，气压指示清晰可见，外观无污物，无损伤痕迹；SF_6 压力表保护箱密封良好，压力值在额定值范围内，并与上次记录的压力值进行比对，压力无明显降低趋势；SF_6 表计盒无凝露受潮迹象。

（3）套管本体及两端连接处无放电点。

（4）各部密封处无渗漏。

（5）开展设备红外巡视并对异常发热点拍摄图片留存比对。

（6）记录接线头红外测温异常发热的情况，重点区分连接线与穿墙套管内部过热，必要时拍摄图片留存比对。

（7）紫外巡视检查套管本体及两端连接处无异常放电点。

124. 简述直流电压测量装置的基本组成。

直流电压测量装置为具有电容补偿的电阻电压测量装置，包括高压臂、低压臂、控制室内电子测量设备及连接电缆，直流电压测量装置本体部分装在干式的绝缘子（绝缘筒）内，如图 5–2 所示。

125. 直流纯光学电流互感器相比于传统的电磁型互感器，有何优点？

直流纯光学电流互感器与传统的电磁式电流互感器相比较，具有以下优点：

（1）动态测量范围大，精度高。

（2）绝缘结构简单，绝缘性能优良。

（3）抗电磁干扰性能好。

（4）没有铁芯饱和问题。

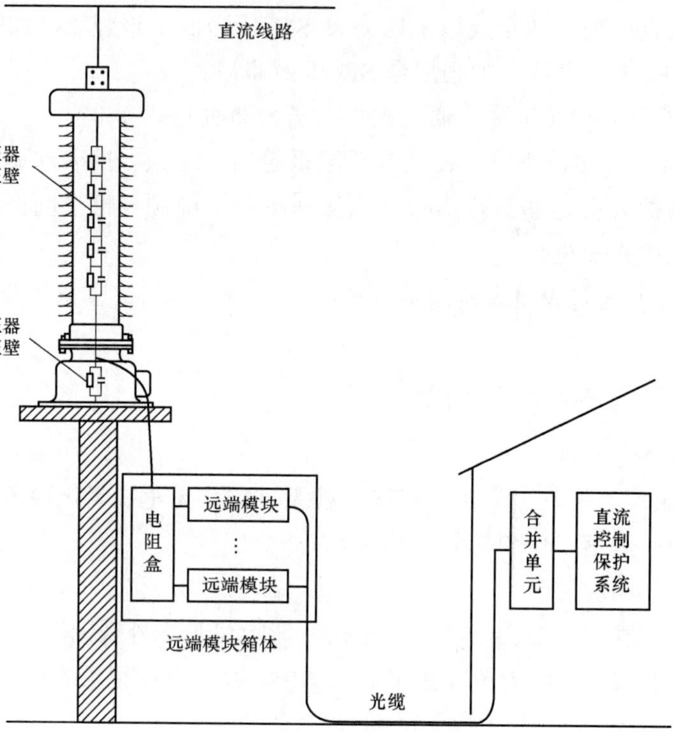

图 5-2　直流电压测量装置

（5）频率响应范围宽。

（6）与电力计量和保护等数字化、微机化的发展相适应。

（7）体积小，质量轻，满足变电站小型化与紧凑型的要求。

（8）运行安全。光学电流互感器绝缘结构简单，二次侧不存在开路引起的危险，由于不采用油绝缘，因而没有爆炸的危险，运行安全。

126. 简述直流电子式电流互感器的特点。

直流电子式电流互感器应用于高压直流换流站，测量直流电流，输出信号供换流站的控制及保护设备使用。具有如下特点：

（1）直流电子式电流互感器利用分流器传感直流电流、利用空芯线圈传感谐波电流、利用远端模块就地采集分流器及空芯线圈的输出信号。互感器由分流器、空芯线圈、远端模块、光纤绝缘子及合并单元等部分构成，互感器的输出信号为数字信号，输出信号利用光纤传送。

（2）产品运行稳定可靠，较好地解决了进口产品运行中存在高温、元器件故障及光纤接口异常等引起的运行不稳定问题。

（3）分流器采用独创的中心对称接线技术，解决了分流器输出信号易受外界电磁场干扰的问题。

（4）测量精度高（满足 0.2 级要求），响应快（阶跃响应上升时间小于 125μs）。

（5）产品的结构设计解决了鼠笼式分流器发热及其对远端模块的影响等问题，温度稳定性及电磁兼容性能好，能够适应户外长期稳定运行。

（6）空心线圈采用等匝数密度及回绕线技术，具有较好的抗外磁场干扰性能。

（7）采用内嵌光纤的复合绝缘子（光纤绝缘子），绝缘结构简单可靠、体积小、重量轻，便于运输及安装。

（8）远端模块采用低功耗设计技术，远端模块的工作电源由激光提供，供能激光功率可根据远端模块的工况实时调节，确保器件寿命与运行稳定。

（9）远端模块采用两路独立模拟采样回路，完成双重化采样，实时比较、校验两路采样值，实现采样回路硬件自检功能，避免采样异常引起保护误动。

（10）根据需要远端模块可以多套配置，远端模块及合并单元灵活的配置方式能够满足直流控制保护系统的各种应用需求。

（11）具有完善的自监视功能，便于运行监视及故障维护。

127. 简述直流电子式电流互感器的空心线圈的作用和工作原理。

空心线圈（罗戈夫斯基线圈）的理论依据是法拉第电磁感应定律和安培环流定律。线圈一定时，输出电压与电流的导数成正比。空心线圈可直接套在被测的导体上，测量较宽频率范围内的交流电流，也可以用来测量直流电流中的谐波电流。

128. 简述法拉第磁光效应原理。

法拉第磁光效应：当线偏振光在介质中传播时，若在平行于光的传播方向上加一强磁场，则光振动方向将发生偏转，偏转角度 ψ 与磁感应强度 B 和光穿越介质的长度 d 的乘积成正比，即 $\psi=VBd$，比例系数 V 称为费尔德常数，与介质性质及光波频率有关。偏转方向取决于介质性质和磁场方向。法拉第磁光效应示意如图 5-3 所示。

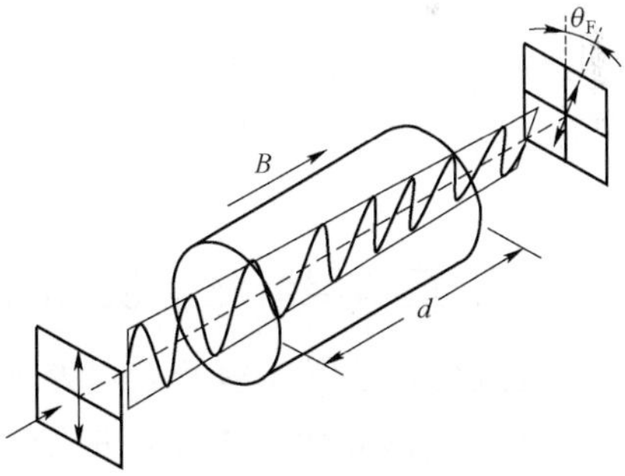

图 5-3　法拉第磁光效应示意图

129. 直流纯光式电流测量装置由哪几部分组成，作用分别是什么？

直流纯光式电流测量装置（直流纯光 CT）由传感光纤环、光纤复合绝缘子、采集单元 3 部分组成，具体结构如 5-4 图所示。

传感光纤环：传感光纤环主要作用是感应被测电流。传感光纤环位于光纤复合绝缘子上端，无须供能。传感光纤环体积小，重量轻，安装方式灵活，通常为穿心式结构，套装在一次管母外侧。每个测点的传感环数量可根据工程需求进行配置，柳州换流站按照 3+1

原则进行配置。

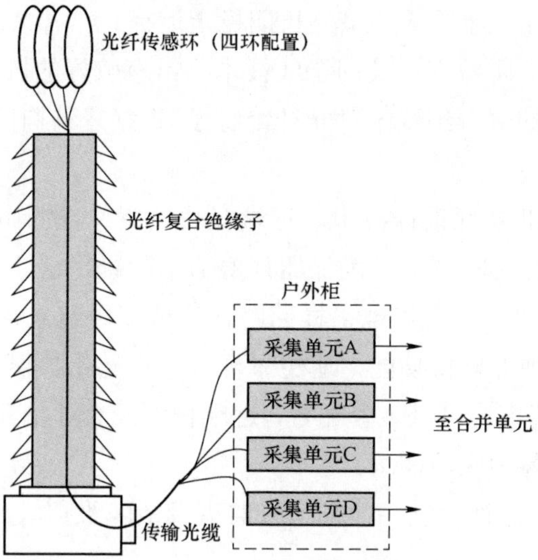

图 5-4　直流纯光 CT 结构图

光纤复合绝缘子：光纤复合绝缘子为内嵌保偏光纤的复合绝缘子，无油无气，绝缘简单可靠。其一方面可保证高低压绝缘，另一方面将传感环感应的被测电流信息通过绝缘子内的保偏光纤传输至低压侧采集单元。

采集单元：主要由光路模块及信号处理电路两部分构成，其中光路模块包含光源、调制器及光探测器等光学元件。采集单元对光源产生的光信号进行起偏、调制等处理后发往光纤电流传感环，同时对传感环返回的携带一次电流信息的调制光信号进行解调运算，计算出一次电流值，并将一次电流数据通过光纤发送至合并单元。

130. 直流电流测量装置的故障应如何处理？

直流测量装置异常及故障处理按照以下规定执行：

（1）应该立即检查事件记录，检查控制保护设备无异常，并安排人员现场检查保护区内的一次设备无异常。

（2）现场检查电子式测量装置表面外观无破损、变形、异常声响等情况，如有紧急情况应立即汇报相关调度，并通知检修人员到现场处理。

131. 基于 MMC 换流阀分别有哪些运维项目？

（1）光纤连接正常、检查触发光纤、回检光纤无脱落、断裂。

（2）各 IGBT 阀及触发监视单元位置正常，无倾斜、脱落、偏歪情况；接线无明显的断开和脱落点。

（3）避雷器与计数器连接的导线及接地引下线无烧伤痕迹或断股现象；避雷器放电计数器或在线监测仪计数器外观完好，无积水；泄漏电流指示无异常。

（4）换流阀冷却回路连接正常，无渗漏水。

（5）IGBT、散热器、触发监视单元形态完好，无变形、变色痕迹，无漏水，接线无脱落，表面清洁、无积污、无放电痕迹。

（6）光纤导槽形态完好，无破损，清洁无积污、无水痕，封堵严密可靠，扎带完整，光纤无松脱、明显弯折。

132. 柔性直流换流阀的损耗主要有哪些?

（1）IGBT 导通损耗。

（2）二极管导通损耗。

（3）阀的其他导通损耗。

（4）与直流电压相关的损耗（如均压电阻的损耗等）。

（5）子模块电容损耗。

（6）IGBT 开关损耗。

（7）二极管关断损耗。

（8）阻尼损耗。

（9）阀电子电路功率损耗。

133. 柔性直流换流阀与常规直流换流阀的主要区别是什么?

柔性直流换流阀与常规直流换流阀最大的不同在于换流器件，柔性直流换流阀采用的是既可控制导通又可控制关断的全控型电力电子器件，如 IGBT；常规直流换流阀采用的是只能控制导通的半控型电力电子器件，如 SCR。

134. 柔性直流换流阀可自主导通关断带来的优势有哪些?

（1）没有无功补偿问题。

（2）没有换相失败问题。

（3）可以为无源系统供电。

（4）可以实现有功和无功的独立调节。

（5）谐波水平低。

（6）潮流反转方便迅速。

135. 柔性直流换流阀的主要结构有哪些?

以昆柳龙直流工程为例，柔性直流换流阀模块的主要结构包括 IGBT、反并联二极管、高压电容器、旁路开关、旁路晶闸管、取能电源、放电电阻、模块控制板、模块驱动板、旁路开关驱动板、IGBT 水冷板、模块框架。

136. 柔性直流换流阀中高位取能电源的作用是什么?

高位取能电源主要用于给换流阀子模块中模块控制板、IGBT 驱动板、旁路开关驱动板、旁路开关机构供能。当子模块运行在高电位时，如果采用外供电电源特别是当级联数目较多时，会产生大量引线，结构复杂，增加了故障环节，而且外供电电源必须进行必要的隔离，还需要配备大容量的隔离变压器等，不易实现。采用高位取能电源可有效解决上述问题，该电源模块从子模块直流侧电容两端取电，支持宽范围输入，在输入电压降至工作电压以下后发出故障信号，并能继续工作一段时间，使控制保护系统有足够时间采取保护动作。

137. 柔性直流换流器如何做到单一模块故障不引起闭锁?

柔性直流换流器的每个桥臂配置一定数量的冗余子模块，当有子模块故障时投入冗余子模块，此时换流阀可以正常运行而不引起闭锁，从而提高换流阀的可靠性。

138. 阀冷系统的主要结构有哪些?

阀冷内冷系统设备主要由主循环泵、电加热器、补水泵、原水泵、主过滤器、精密过滤器、膨胀罐、原水罐、脱气罐、离子交换器、氮气稳压装置以及冷却水管等组成。该系统主要功能是为换流阀提供水冷散热，维持其正常工作温度，确保设备可靠运行。

阀冷外冷系统设备主要由喷淋泵、冷却塔、自循环系统、排污泵、工业补水泵、反渗透装置、碳滤砂滤装置等组成。该系统主要功能是给内冷水降温，维持内冷水进阀厅进行冷却的温度，保证内冷水冷却效果。

139. 阀冷系统的工艺流程是什么?

阀冷系统工艺流程如图 5–5 所示。恒定压力和流速的冷却介质，经过主循环泵的提升，源源不断地流经调温装置，进入室外换热设备，将换流阀被冷却器件发出的热量在室外换热设备进行热交换，冷却后的介质再进入换流阀被冷却器件，形成密闭式循环冷却系统。

140. 阀冷系统的内冷水温度是否越低越好?

内冷水温度并非越低越好，进入换流阀的水温度过低会导致凝露现象，为此阀冷系统专门设定的电加热器对冷却水温度进行强制补偿。

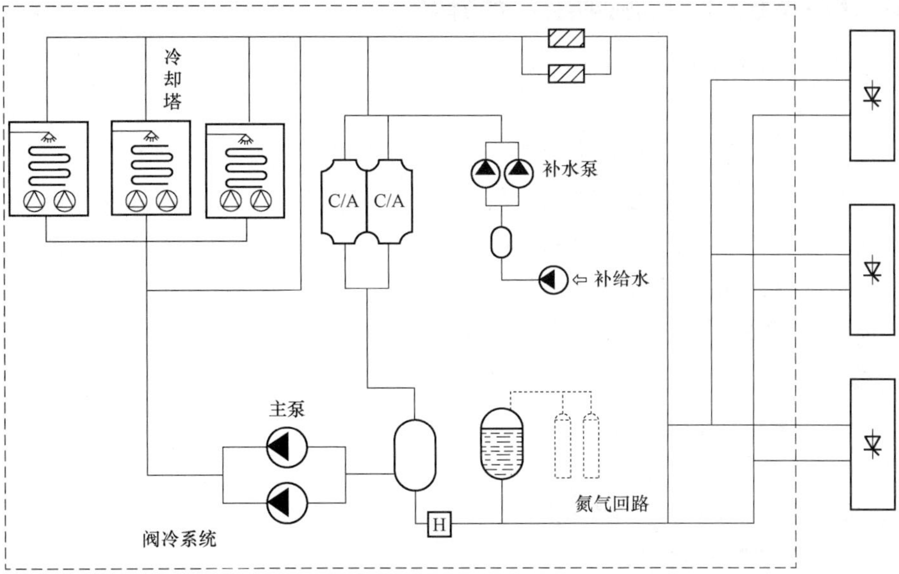

图 5-5 阀冷系统工艺流程图

141. 阀冷系统的内冷水为什么要排气?

自动排气阀位于管道系统的最高位置，能自动有效进行气水分离和排气功能，保证最少的液体泄漏。冷却回路中固有的和运行中产生的气体，留在管路中容易污染水质、减少流道截面、增大管道压力甚至导致支路断流。因此在回路中的主要容器及高端管路均设置自动排气阀进行排气，设置在主循环泵前也有保护主循环泵的作用。

142. 阀冷系统的外冷水加药的目的是什么?

设置加药装置，向喷淋水池添加缓蚀阻垢剂抑制和干扰碳酸钙晶体的正常生长，从而使其不能沉积形成水垢而分散在水体中。向喷淋水池添加杀菌灭藻剂作，防止有机物、菌类、藻类等胶质状的黏泥生长为活性污泥，黏附在盘管外表面。

143. 阀冷系统的外冷水能否一直循环使用?

不可以，需要进行弃水。喷淋水由喷淋泵从喷淋水池抽水进入冷却塔对内冷水进行冷却，部分喷淋水变为蒸汽从冷却塔顶部排出，其余流回喷淋水池。通过以上的冷却循环，喷淋水只是通过蒸汽方式流失，这样喷淋水温度会逐渐升高；而且蒸汽方式流失的是水分，水中的离子依然存在，如果一致循环使用，离子浓度会越来越高，导致管路结垢和腐蚀。所以喷淋水系统设计有工业弃水口，根据喷淋水的电导率来控制喷淋水弃水，并通过工业泵补充喷淋水来降低水温和电导率。

144. 阀冷系统引起的跳闸因素有哪些?

（1）进阀温度超高跳闸。
（2）进阀温度传感器均故障。
（3）流量超低且进阀压力低跳闸。
（4）流量超低且进阀压力高跳闸。
（5）进阀压力超低且流量低跳闸。
（6）两台主泵均故障且流量低跳闸。
（7）两台主泵均故障且进阀压力低跳闸。
（8）膨胀罐液位超低跳闸。
（9）膨胀罐液位传感器均故障跳闸。
（10）冷却水电导率超高跳闸。
（11）冷却水电导率传感器均故障跳闸。
（12）阀冷系统泄漏跳闸。
（13）紧急停机跳闸。
（14）双主机故障跳闸。

145. 阀冷系统的反渗透装置作用是什么?

反渗透装置主要由保安过滤器、反渗透升压泵、反渗透膜元件、化学清洗单元组成。阀冷系统的反渗透装置使较高浓度的水变为低浓度水，脱盐率98%以上，同时将工业污染物、重金属、细菌、病毒等大量混入水中的杂质全部隔离。该装置应用膜分离技术，能有效地去除水中的带电离子、无机物、胶体微粒、细菌及有机物质等。

146. 阀冷系统的控制及监视有哪些基本功能?

基本功能包括但不限于以下功能：
（1）旋转设备控制。
（2）冷却水温控制。
（3）环境温度监视。
（4）冷却水温监视。
（5）冷却水压力监视。
（6）冷却水流量监视。
（7）冷却水电导率监视。
（8）室内膨胀水箱（罐）、室外水池水位监视和控制（通信接口）。
（9）漏水监视。
（10）主循环泵轴封漏水监视。

（11）排污水量监视。
（12）冷却器监视（通信接口）。
（13）设备运行状态监视。
（14）设备故障监视。
（15）电加热器启动控制（需要时）。
（16）阀门运行状态监控。
（17）参数超限值报警和跳闸。
（18）CPU 模块故障报警。
（19）控制保护系统装置模块故障报警。
（20）控制保护系统装置模块输入、输出通道故障报警等。
（21）阀塔压差开关信号。
（22）可复归阀冷系统故障信号。

147. 阀冷系统的巡视项目有哪些？

阀冷控制系统：

（1）检查控制柜面板上的信号灯指示正确。

（2）检查各空开、继电器在正确位置，检查跳闸回路继电器状态正确。

（3）检查主泵及电机振动、声音正常，无漏水、漏油，温度正常。

（4）检查动力柜散热风扇、过滤器、双电源切换装置正常。

（5）检查柜内设备状态指示正确，与设备实际状态一致；元器件及电缆无老化现象，无烧糊痕迹。

（6）主泵采用软启动，应检查以下项目：

1）软启动器面板显示无黑屏、坏屏现象，信号指示灯正常，控制方式在正常位置。

2）软启动器无异常声响。

阀冷内冷水系统：

（1）检查去离子水流量正常。

（2）检查阀冷内冷水系统运行参数正常（流量、压力、液位、电导率等）。

（3）检查自动排气阀正常排气。

（4）巡视阀冷内冷水回路，检查主泵、管道法兰等无渗漏水。

（5）检查补水箱水位正常，补水系统无异常。

（6）检查离子交换支路电导率传感器、流量计、内冷水进出阀温度传感器等表计数据无异常。

（7）检查主过滤器，确认主过滤器压差正常。

（8）膨胀罐液位正常。

（9）检查氮气稳压装置，膨胀罐、氮气瓶压力在正常范围内，膨胀罐液位就地显示应与监控监测液位一致。

（10）检查加热器电源回路正常、法兰连接处无渗漏、溢水现象、加热器投运前应确认主循环泵在运行状态。

阀冷外冷系统：

（1）巡视阀冷外冷水回路，检查喷淋泵、管道法兰等无渗漏水。

（2）盐箱盐量、加药箱药剂余量检查，必要时添加。

（3）外冷风机运行正常，无异常噪声。

（4）外冷风机变频器运行正常，无异常噪声、发热。

（5）喷淋水池水位正常。

其他：

（1）监盘并抄录数据，判断阀冷运行状态正常，发现异常及时处理。

（2）结合每日膨胀罐水位监测、对比分析，及时发现渗漏。

（3）结合每日阀塔进出水压力监测、对比分析，及时发现管路堵塞。

148. 阀冷系统常见的故障及处理方式有哪些？

（1）内冷水流量低的处理规定：汇报相关调度以及管理部门，通知检修处理；汇报主泵运行情况；检查主回路流量计的流量并且进行比较；检查并确认流量计本身并无故障；检查去离子回路阀门位置正确，去离子流量未出现过大；检查进阀压力应正常；检查出阀压力应正常；检查泵转动中无刺耳的杂音，泵中无空气；检查主泵回路相关的实时报警；检查主回路内主过滤器上的压差表数值未过大。

（2）冷却水进水温度高的处理规定：检查现场温度表指示应正常；检查循环水泵运行应正常；检查冷却塔运行情况，备用冷却塔应投入；检查喷淋泵运行情况；检查外冷水水池液位；若温度继续上升，则申请降低直流负荷；必要时，申请停运该直流系统。

149. 目前的避雷器为什么主要采用金属氧化物避雷器？

金属氧化物避雷器由非线性金属氧化物电阻片叠加组装，密封于高压复合外套内，无任何放电间隙。该避雷器得以广泛使用主要是因为以下优点：

（1）导流能力强。

（2）保护特性优异。

（3）密封性好。

（4）机械性能好。

（5）承受污秽能力强。

（6）可靠性好。

（7）工频耐受能力强。

150. 避雷器的工作原理是什么？

避雷器与被保护设备并联运行，当作用电压超过一定幅值时避雷器总是先动作，通过它自身泄放掉大量的能量，限制过电压，保护电气设备。

151. 避雷器的常规试验项目有哪些？

（1）直流或工频参考电压试验：在避雷器或避雷器元件两端施加直流或工频电压，待流过避雷器或避雷器元件的直流或交流阻性电流峰值达到参考电流时，读取电压值，其值不小于标准值。

（2）直流漏电流试验：在避雷器或避雷器元件两端施加 0.75 倍直流参考电压（直流电压的脉动率不大于±1.5%），待电压稳定后，流过避雷器或避雷器元件的漏电流应不大于标准值。

（3）工频持续电流值的检测：对工频持续电流值的检测，应使用避雷器专用漏电流测试仪或足够精度的交流表检测，在运行工频电压下流过避雷器的全电流有效值或阻性电流峰值不超过投运起始值的 2 倍。

152. 启动电阻的作用是什么？

柔性直流输电系统在启动时由交流系统通过换流器中的二极管向直流侧电容进行充电。由于 MMC 中电容量较大，当交流侧断路器合闸时相当于向一个容性回路送电过程，在各个电容器上可能会产生较大的冲击电流及冲击电压。启动电阻可以降低电容的充电电流，减小柔性直流输电系统上电时对交流系统造成的扰动和对换流器阀上二极管的应力。备用转充电时投入启动电阻，不控充电期间将启动电阻旁路，旁路后到达稳态不控充电完成。

153. 启动电阻常见的分类有哪些？

启动电阻根据材料分类主要有镍铬合金和碳化硅陶瓷两大类，根据设备外壳来分类有箱式和套管式等多种形式，其中套管式均为陶瓷电阻。

154. 箱体式和套管式启动电阻各有什么优缺点？

从外绝缘性能来看，采用同样均压环，套管式电阻要比箱式电阻具有更为均匀的外部电场分布情况。这是因为箱式电阻通过穿墙套管进行箱体间连接，在套管尖端存在较为强烈的电场畸变。

从温升性能来看，箱式电阻器热时间常数为 300s 左右，发热快，散热能力较强，适合长期通流或频繁启动的工况；套管式电阻器热时间常数为 1200s（加装散热片后）左右，发热慢，散热能力差，吸收过载能量能力较强，适合短时冲击的工况。

155. 启动电阻的选型主要考虑哪些参数?

启动电阻选型时主要需要考虑峰值电流、阻值、冲击能量吸收能力、尾波电流、绝缘耐受等因素。

156. 启动电阻的维护项目有哪些?

（1）金属部件检查：所有金属部件无锈蚀、发热变色现象。

（2）接地扁铁：接地扁铁接地良好，无锈蚀。

（3）复合绝缘子检查：绝缘子伞群无明显污垢，无放电闪络和爬电现象，无明显损伤、丝状裂纹。

（4）底座的接地良好，无裂纹、锈蚀。

（5）检查螺栓及插销无松动、脱落、变形、锈蚀。

（6）运行声响检查：内部无放电声、其他噪声，现场无异常气味。

（7）记录接头红外测温异常发热情况，重点区分连接线与分流器内部过热，必要时提供红外测温图片。

1）检查的部位：分流器接线部分和本体。

2）采用红外成像进行检查，特别对接线部位过热，若发现发热异常时，认真查明原因并及早处理，防止缺陷扩大。

157. 启动电阻的常见故障有哪些，怎样解决?

启动电阻的常见故障主要包括漏电和元件放电。

（1）漏电（接地故障、接地等级过低）故障可能是由一个或多个绝缘子发生异常引起。解决措施包括：检查绝缘子表面，如存在严重污秽则应进行彻底清理；检查绝缘阻抗或绝缘子的绝缘耐压，如有异常则应更换受损绝缘子。

（2）元件放电可能是由电阻单元元件绝缘损坏、过热变形或电阻单元表面污秽严重等引起。解决措施包括：检查电阻单元表面，如存在严重污秽则应进行彻底清理；检查电阻单元变形情况及电阻单元的绝缘耐压，如有异常则应更换受损电阻单元。

158. 柔性直流换流变压器为什么挡位比常规直流换流变压器少?

确定分接头挡距和挡数的基本准则是保持联结变压器阀侧空载电压在网侧电压变化时基本维持恒定。在柔性直流系统中，柔性直流换流变压器分接头控制分为以阀侧电压为目的的调节和以调制比为目的的调节两种，旨在柔性直流变网侧电压变化时，通过调整分接头来维持阀侧空载电压不变。而常规直流中，整流侧极对地直流电压为：

$$U_{d1} = U_1(1.35U_1\cos\alpha - \frac{\pi}{3}X_{r1}I_d) \quad (5-1)$$

式中：U_1 为常规直流换流变压器网侧电压有效值。

要想保持阀侧空载电压恒定需要考虑网侧电压的扰动和触发角的大小，为了使触发角不至于太小就需要网侧电压的调整裕度尽量大，因此分接头的挡位就较柔性直流换流变压器多。

159. 柔性直流换流变压器与常规直流换流变压器为何存在差异？

由于常规特高压直流采用主接线为两个 12 脉串联且采用 LCC，而柔性直流特高压采用主接线为两个 6 脉串联且采用 VSC，这样就造成柔性直流换流变压器的交直流复合电场直流分量与交流分量的比与常规直流换流变压器不同，直流分量将减小，交流分量将增加。柔性直流换流变压器在运行中会遇到非对称极性反转电压，谐波分量小，调压范围窄，阻抗降低，保护要求更严格等问题，这些差异都将反映在产品的计算和结构上。这样就造成柔性直流换流变压器与常规直流换流变压器结构略有差异。

160. 柔性直流换流变压器分接开关调挡工作原理是什么？

分接开关是通过改变变压器高压绕组抽头来改变高低压绕组的匝数比，从而调节变压器输出电压的一种装置。电气原理如图 5-6 所示。主要由切换开关、极性选择器、分接选择器组成。分接选择器完成挡位选择，切换开关完成挡位切换。切换开关及分接选择器共两个触头，其中一个触头接通当前挡位，电流由该触头通过，另一个触头根据升降挡需要去连接下一个挡位。以分接开关由 2 挡向 3 挡过渡为例，分接开关在 2 挡运行，此时分接选择器触头 A1 与挡位 D2 接触，切换开关触头 Q1 导通，电流经 D2－A1－Q1 流过。首先，分接选择器抽头 A2 先与挡位 D3 接触，此时由于切换挡位 Q2 并未导通，电流仍从原路径流过。然后切换开关动作，Q1 关断，Q2 导通，原电流通路被切断，D3－A2－Q2 导通，电流由此路径流过，完成挡位切换过程。

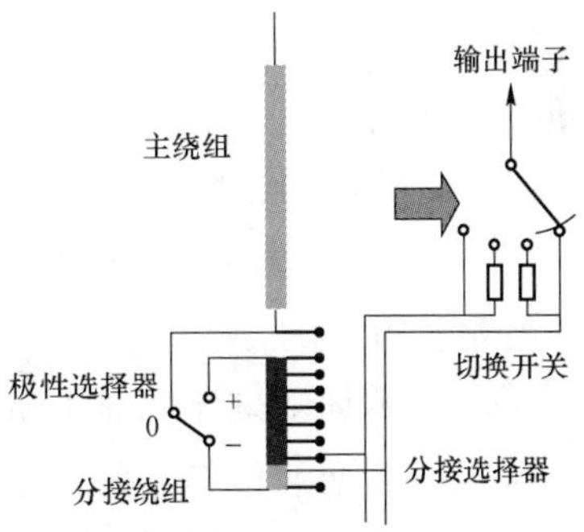

图 5-6　分接开关电气原理图

161. 柔性直流换流变压器维护项目有哪些？

套管检查：

（1）检查套管油位正常，发现异常时，应通过望远镜、红外成像仪等综合判断。

（2）高、低压引线及线夹正常，无散股、断股、过热，应通过望远镜、红外成像仪等综合判断。

（3）套管瓷瓶无污秽，无破损、裂纹和放电痕迹；橡胶伞裙形状能够与瓷伞裙表面吻合良好，表面洁净、光滑，硅伞裙无开裂、搭接口无开胶、伞裙无脱落、粘结位置无爬电等现象。

（4）复合绝缘套管伞裙无龟裂老化、破损脏污和放电爬电现象。

（5）油纸绝缘套管本体及连接法兰无渗漏油，SF_6 气体套管检查气体压力正常；SF_6 表计盒无凝露受潮迹象。

本体检查：

（1）检查油温、绕温、本体油枕油位、有载分接开关油枕油位并与油温–油位曲线对比；温度指示器外观完好，表盘密封良好无凝露，温度显示指针不高于最高温度指针；怀疑油位异常时，应采用红外成像仪等手段检查油枕实际油位。（换流变压器油温高报警值：75℃；油温跳闸值（投信号）：85℃；绕温高报警值：100℃；绕温跳闸值（投信号）：110℃。

（2）检查油渗漏情况及判断严重程度。特别检查以下部位的渗漏油情况（必要时采用视频监控等手段）：本体每个阀门、表计、分接开关，法兰连接处及焊缝处；压力释放装置密封良好，无渗油；冷却器阀门、散热管、油泵、瓦斯继电器、压力释放阀等处连接良好；油位计外观完整、指示正常、密封良好；油箱、升高座等焊接部位质量良好，无渗漏油迹象。

（3）检查集气装置未集有气体。

（4）在线滤油装置运行正常；电机无异响，压力正常。

（5）过滤呼吸器中油杯随油温变化有气泡进出，油色未变黑、硅胶变色不超过 2/3、呼气气筒无裂痕、油杯的油位在油位线范围内，且杯底无积水；各硅胶杯之间密封完好，硅胶变色从底至上均匀变色，硅胶杯顶部及中间连接处不存在硅胶变色情况，否则在更换变色硅胶的同时还应开展原因分析。

（6）运行中振动和噪声无明显变化，整体声音均匀，无螺丝松动颤动声；无闪络、跳火和放电声响。

（7）本体基础无明显下沉。

（8）后台油位信号与油位计指针指示油位一致。

（9）铁芯、夹件外引接地良好。

有载调压分接开关检查：

（1）检查分接开关动作次数，检查指示正确，同组各相挡位现场与远方保持一致。

（2）检查分接开关油室周边无渗漏油痕迹、挡位指示正确，操作机构无锈蚀，齿轮机构及传动轴无变形和渗漏油等异常。

（3）检查油位、吸湿器油色正常。

（4）调压机构箱密封良好，无雨水进入、潮气凝露。

（5）控制元件及端子无烧蚀发热现象，指示灯显示正常。

（6）操作齿轮机构无渗漏油现象。

（7） 加热器运行正常。

（8） 开关密封部分、管道及其法兰无渗漏油现象。

（9） 控制元件及端子无烧蚀发热现象，指示灯显示正常。

（10） 滤油装置运转正常无卡阻现象。

冷却装置检查：

（1） 冷却器出风口无积聚大量污尘。

（2） 整个冷却器无异常振动；潜油泵运转正常，无金属碰撞声，油泵油流指示器密封良好，油流指示正常，无抖动现象，油泵电机无停转；风扇运转正常，无异声，反转、卡阻、停转现象。

（3） 同一台变压器冷却器各风扇转速一致。

（4） 气道无堵塞、气流不畅等情况。

在线监测装置检查：

（1） 油色谱在线监测装置运行正常，数据显示正常；载气压力正常，装置油回路及机箱无渗漏油情况。

（2） SF_6气体在线检测装置运行正常，接口部分无漏气。结合套管压力情况判断 SF_6 压力变化趋势。

非电量保护装置：

（1） 瓦斯继电器密封良好、无渗漏，防雨罩无脱落、偏斜。

（2） 压力释放阀无喷油及渗漏现象。

（3） 油流保护继电器无渗漏油。

控制箱、机构箱防潮密封及二次元件检查：

（1） 箱门无变形情况，箱门密封良好，达到防潮、防尘要求，箱内清洁无杂物、无污垢。密封胶条无脱落、破损、变形、失去弹性等异常。箱内照明完好，门灯功能正常。

（2） 电缆进线完好，标识清晰完好，接线无松动脱落。电缆封堵措施完好，箱内无受潮和积水，控制箱通风孔呼吸器清洁畅通，箱内壁无凝露。

（3） 箱内电器元件及二次线无锈蚀、破损、松脱，箱内无烧焦的煳味或其他异味，无放电痕迹，端子排、电源开关无打火。

（4） 各选择/控制开关的位置正常，各电源指示、继电器通电指示等指示灯指示正常。箱内空开位置正确，冷却器电源空开和加热器空开均处于合闸位置。加热器、温控器能正常工作。在日常巡视时利用红外或其他手段检测是否在工作状态；对于由环境控制的加热器，温度控制器动作值不应低于 10℃，湿度控制器动作值不应大于 80%。

162. 柔性直流换流变压器主要由哪些部件构成？

柔性直流换流变压器核心组部件包括有载调压开关、套管等；其他组部件包括冷却器、油位计、电流互感器、气体继电器、油流继电器、压力释放阀、阀门、油温度计、绕组温度计、密封垫、操作控制柜、监测装置、储油柜胶囊、呼吸器。

163. 桥臂电抗器的作用是什么?

（1）限制短路电流。

（2）提供换流电抗，决定换流器的功率输送能力，同时也影响有功功率与无功功率的控制。

（3）抑制换流器输出的电流和电压中的开关频率谐波量。

（4）抑制桥臂间的环流。

164. 桥臂电抗器的结构是怎样的?

以三相六桥臂结构的换流器为例，需要 6 个桥臂电抗器，分别作为上、下桥臂电抗器并以串联的方式接入系统。主要部件有铝绞线、支柱绝缘子、屏蔽环、撑条、玻璃纱等。

165. 桥臂电抗器的监造关键点有哪些?

桥臂电抗器监造关键点设置（部分）见表 5-1。

表 5-1　　桥臂电抗器监造关键点设置表（部分）

序号	项目	监造内容
1	原材料和组部件检验	检查原材料（包括导线、环氧树脂、玻璃纤维、外绝缘层涂料等）的质量保证书和入厂检验报告
		组部件［包括支撑绝缘子、避雷器（如有）等］的质量保证书和入厂检验报告
2	制造过程质量监督	吊架用料、焊接所用焊条及焊丝材料
		焊接方法及焊接质量，承重部位的焊缝高度吊架尺寸及质量特征
		线圈绕制，检查线圈匝数及形式、线圈各包封尺寸控制、线圈工艺
		线圈固化，升温时间曲线、保温时间曲线、最高温度、出炉温度
		导线焊接，导线头整理、导线焊接线圈整理，线圈表面处理、喷砂、喷漆
		零部件装配，均压环、内部降噪装置（如有）、外部降噪装置（如有）、避雷器（如有）、支撑绝缘子、防鸟格栅、其他装配附件
3	型式试验	雷电冲击截波试验
		温升试验
		声级测量
		操作冲击试验

166. 桥臂电抗器的维护项目有哪些?

（1）检查外观完整无损、防雨罩及降噪装置完好，接头无变色现象。

（2）检查支柱绝缘无破损、裂纹、爬电现象，室温硫化硅橡胶（RTV）涂层无脱落迹象。

（3）检查外包封表面清洁，无裂纹，无爬电痕迹，无涂层脱落现象，无发热变色现象。

（4）检查撑条无掉落。

（5）检查无异常振动和声响。

（6）检查本体下方无异物或本体附件掉落。

（7）检查支架无裂纹，线圈无松散变形，电抗器无倾斜。

（8）紫外巡视：紫外巡视本体及各导线连接处无放电点。

（9）红外巡视：开展设备红外巡视并对异常发热点拍摄图片留存比对。

1）检查引线接头、等电位连接片等导电部位。

2）检测电抗器整体温度分布，重点关注包封、调匝环、接头的发热情况。

（10）检查引拔棒无移位，地面无熔铝、过热绝缘材料等异物。

167. 桥臂电抗器的发热为什么比较严重？

桥臂电抗器运行电流为直流、50Hz 工频交流、100Hz 二倍频交流的叠加，运行工况恶劣，容易导致组附件的涡流损耗、温升过热。制造工艺控制要求严格，各包封间距、高度细微偏差易放大互感偏差造成电流分配不均形成局部过热。所以，桥臂电抗器的发热比平波电抗器更加严重。

168. 平波电抗器的作用有哪些？

平波电抗器主要作用是阻抗，平波电抗器能防止由直流线路产生的陡波冲击进入阀厅，使换流阀免遭过电压的损坏。当逆变器发生某些故障时，可避免引起继发的换相失败。并可减小因交流电压下降引起逆变器换相失败的概率。

在直流输电系统中，当直流电流发生间断时，会产生较高过电压，对绝缘不利，使控制不稳定。平波电抗器通过限制由快速电压变化所引起的电流变化率来防止直流电流的间断，从而降低换流器的换相失败率。

169. HSS 分闸时的灭弧工作原理是什么？

HSS 配置的压气式灭弧室如图 5－7 所示，其开断原理如下：

压气缸在分闸操作的时候被拉向固定活塞，将装入的气体压缩，将其从喷口高速喷向弧触头。分闸过程中，当弧触头分离时，电弧会产生，在电流强的时候会阻塞喷口，此时无 SF_6 气体喷出。当电流接近电流零点通道时，喷口打开，SF_6 气体开始从压气缸流出。特别设计的喷口确保 SF_6 气体流动导向电弧。气体可以流过移动式电弧触头以及固定式电弧触头。当电弧冷却后，就会熄灭，电流被切断。

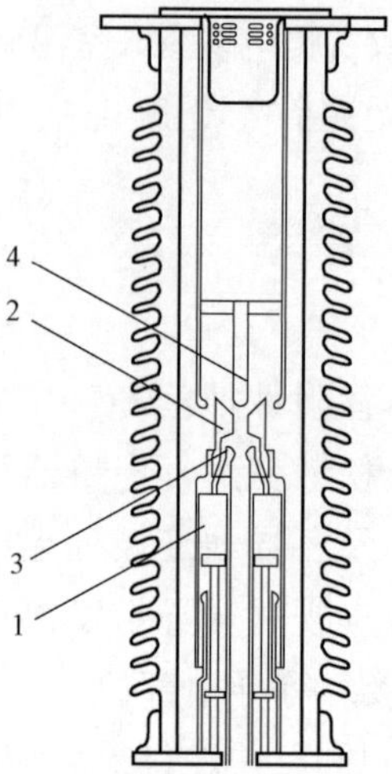

图 5-7　压气式灭弧室

1—压气缸；2—喷口；3—移动式电弧触头；4—固定式电弧触头

170. HSS 的结构是怎样的？

HSS 结构如图 5-8 所示。

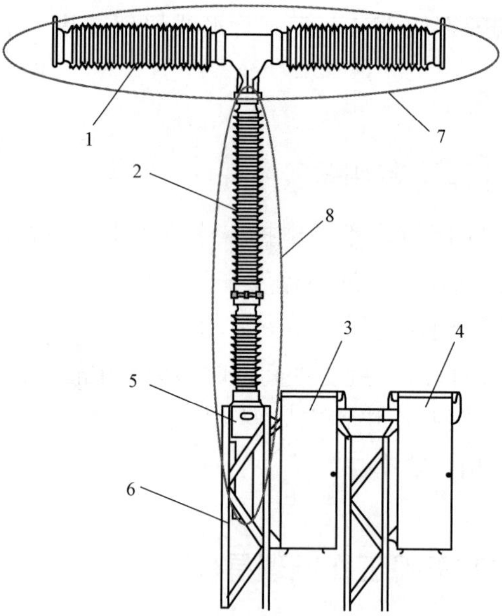

图 5-8　HSS 结构图

1—开断单元；2—支持绝缘子；3—操作机构 2；4—操作机构 1；5—气室；6—支架；7—T 型设备；8—支持绝缘子设备

171. HSS 在多端柔性直流输电系统中的作用是什么？

多端柔性直流输电系统配置 HSS 的目的是实现直流系统的第三站在线投退及直流线

路故障隔离，提高整个直流系统的可靠性和可用率。下面以昆柳龙直流工程为例说明HSS的作用，配置如图5-9所示。

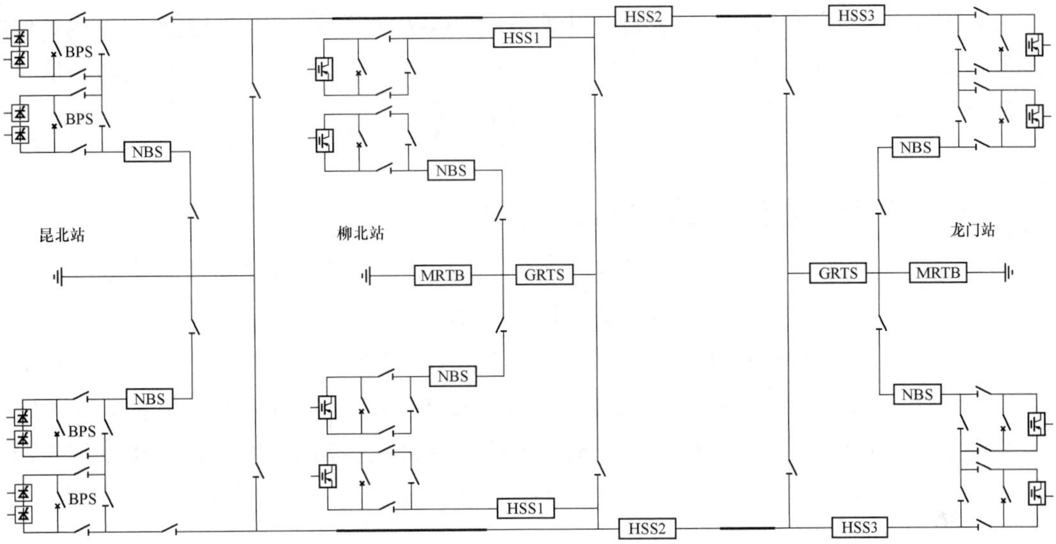

图5-9 昆柳龙直流工程HSS配置示意图

HSS主要有以下3个方面作用：

（1）直流系统运行于三端模式，在某换流站需要进行检修或站内发生故障等情况下，可使用HSS退出对应端换流站，不影响其他换流站运行，直流系统转为两端模式。

（2）直流系统运行于两端模式，需要将已退出的换流站重新投入运行，不影响其他换流站运行，直流系统转为三端模式。

（3）柳州换流站至龙门换流站发生直流线路永久故障或检修，对应换流站闭锁、直流线路电流降为零后，通过断开HSS2和HSS3实现直流线路故障隔离。

172. HSS运行断开和允许闭合的条件有哪些？

以昆柳龙直流工程为例，HSS运行断开和允许闭合的条件如下。

（1）HSS最大直流电流开断能力为15A。

（2）HSS开关的电压耐受能力为：开关在分位两侧电压为400kV可长期耐受，800kV耐受1min，因此HSS为常闭断路器。

（3）合闸时：

1）极母线HSS两侧电压小于20kV。

2）柳龙线HSS（自动）：

a. 换流器可控充电完成后，柳龙线HSS两侧压差小于100kV。

b. 其他工况下柳龙线HSS两侧压差小于20kV。

3）柳龙线HSS（手动）：$U_{dL\_BUS} \leqslant 300kV$ &&$U_{dL\_GD} \leqslant 300kV$。

173. 耦合电容器的作用是什么？

耦合电容器是电力系统高频通道中的重要设备，是用来在电力网络中传递信号的电容器，主要用于工频高压及超高压交流输电线路中，以实现载波、通信、测量、控制、保护及抽取电能等目的。它使得强电和弱电两个系统通过电容器耦合并隔离，提供高频信号通路，阻止工频电流进入弱电系统，保证人身安全。

174. 耦合电容器的原理是什么？

使强电和弱电这两个系统通过电容器耦合，给高频信号构成通路，并阻止高压工频电流进入弱电系统，使强电系统和弱电系统隔离，保证人身安全。

高频载波信号通常使用的频率为 30～500kHz，此时耦合电容器相当于短路；对于频率为 50Hz 的工频信号而言耦合电容器相当于开路。根据这个原理，耦合电容器既可作为载波高频信号的通道，又可阻断工频高压大电流。耦合电容器还可以抽取 50Hz 的电压，其原理与电容式电压互感器相同，给继电保护及重合闸装置提供所需要的二次交流电压，起到电压互感器的作用。

175. 耦合电容器常见故障有哪些？

（1）导线有断股、松脱现象，线夹连接不牢固。

（2）有漏、渗油现象。

（3）接地不好，接地开关位置错误。

（4）电容器瓷套部分有破损或放电痕迹。

176. 耦合电容器的型式试验项目有哪些？

高压直流耦合电容器的型式试验包含但不限于以下项目：

（1）高频电容及等值串联电阻测量。

（2）低电压端子的杂散电容和杂散电导测量。

（3）放电试验。

（4）雷电冲击耐受试验。

（5）湿直流耐压试验。试验电压取 $1.5U_r$，持续 1h。其中 U_r 为电容器单元的额定电压。试验应满足 GB/T 16927.1 的相关规定。

（6）湿操作冲击耐受试验。

（7）极性反转试验。

（8）无线电干扰试验。试验应满足 IEC 60358－1－2012 第 10.3 条的相关规定。

（9）局部放电试验。试验可分单元进行，电容器单元预加直流电压 $2U_r$ 保持至少 10s，然后降到局部放电测量电压 $1.5U_r$，保持 60min，在最后 10min 之内局部放电量大于 1000pC

的脉冲数不大于 10 个。

（10）悬臂试验。

177. 基于 LCC 和 MMC 换流技术的换流站一次主设备各有哪些?

基于 LCC 换流技术的换流站一次主设备：换流阀、阀冷系统、换流变压器、直流电抗器、直流穿墙套管、直流滤波器、交流滤波器、直流断路器、直流隔离开关、直流互感器类设备。

基于 MMC 换流技术的换流站一次主设备：换流阀、阀冷系统、柔性直流变压器、桥臂电抗器、启动电阻、直流电抗器、直流穿墙套管、直流滤波器、直流断路器、直流隔离开关、直流互感器类设备。

最大的不同点是，LCC 换流阀采用的是晶闸管，而 MMC 换流阀采用的是全控型电力电子器件。LCC 换流站没有桥臂电抗器，但需配置交流滤波器。

178. 基于 MMC 换流阀工作原理是怎样的?

如图 5-10 所示为 MMC 的工作原理图。

由图 5-10 可见，单个桥臂上下桥臂分别有 5 个子模块，波形图中的粗实线代表直流侧输出电压的大小。

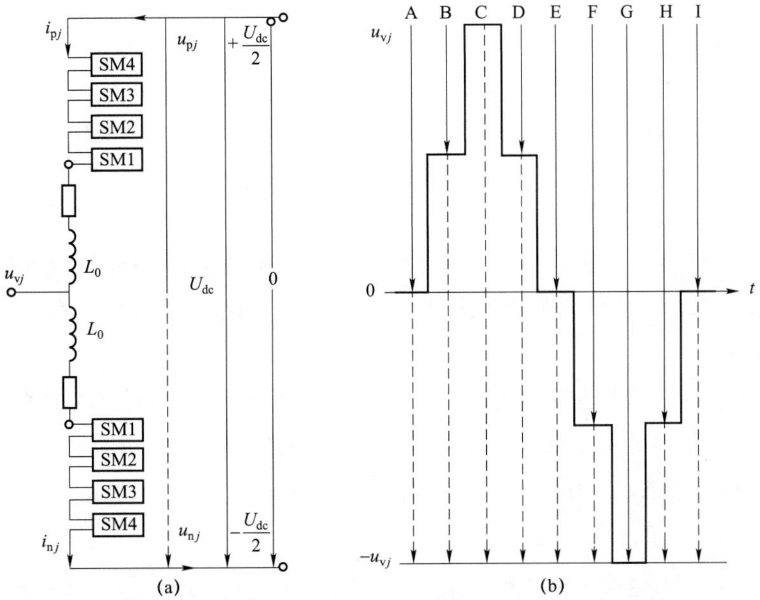

图 5-10　MMC 工作原理图

（a）MMC 单个桥臂拓扑图；（b）五电平 MMC 工作波形图

MMC 需要满足以下条件才能正常运行：

（1）直流输出电压稳定。这要求任意时刻每相投入的子模块数目相等，即：

$$u_{pj}+u_{nj}=U_{dc} \tag{5-2}$$

（2）交流侧输出为三相正弦波。通过控制三相上下桥臂投入的子模块数目来保证交流输出电压为三相正弦交流电压。

可以看到，在一个周期内共可能出现$\pm U_{dc}/4$、$\pm U_{dc}/2$、0这五个电平。推导到一般情况，忽略子模块冗余的情况，当单相上下桥臂分别有N个子模块时，可以输出的电平数将为$N+1$。则N越大，即子模块数越多，输出的电平数越多，波形将越接近于标准的正弦波。

179. 基于LCC和MMC换流阀在监造时分别需要注意哪些事项？

基于LCC换流阀：

（1）设计检查。监造单位可根据业主或项目单位、监造委托人的要求，对供应商的产品设计进行检查，内容包括：晶闸管器件的选择，冗余度的选择，电压耐受能力，电流耐受能力，交流系统故障下能力的运行，机械性能等。

（2）制造阶段。重点检查晶闸管器件、阀电抗器、阻尼电阻、阻尼电容、均压电容、绝缘结构件、绝缘紧固件、铝合金屏蔽罩、金属结构件和金属连接件、载流导体、主水管、均压电极、晶闸管电子板、光纤、水管、散热槽等的出厂检验单和制造厂的验收报告，必要时可到配套件厂现场见证。

（3）组装。主要检查晶闸管电子板、晶闸管与散热器的位置等；单阀的组装应检查组件、电极、阀避雷器、光纤等的安装位置；多重阀应检查悬垂绝缘子、电晕屏蔽件等的固定。

（4）试验。主要对换流阀设备进行如下试验：例行试验（外观检查、阻抗测试、水压测试等）、型式试验（交流/直流耐压试验、操作冲击波耐压试验等）、运行试验（最大持续运行负载试验等）。

查看所有试验项目的试验结果是否满足产品的技术要求，并密切注意试验过程中的异常现象（如放电声、可闻可见电晕、电压电流的波形变化、渗漏水）等。

（5）包装发运。

1）在换流阀设备的包装发运前，监造人员应检查外观、核对产品铭牌，检查附带的文件资料、合格证等数量是否准确，检查产品外表无损伤。

2）检查所有预装配过的附件是否已做明显配装标记。

3）检查装箱运输的防水、防潮措施。

4）了解押运及有关交接事宜。

5）在换流阀设备包装发运前，须经监造工程师签字认可。

基于MMC换流阀：

（1）设计检查。监造单位可根据业主或项目单位、监造委托人的要求，对供应商的产品设计进行检查，内容包括：IGBT器件的选择，冗余度的选择，电压耐受能力，电流耐受能力，交流系统故障下能力的运行，机械性能等。

（2）制造阶段。重点检查 IGBT 器件、直流电容、绝缘结构件、绝缘紧固件、铝合金屏蔽罩、金属结构件和金属连接件、载流导体、主水管、均压电阻、IGBT 电子板、光纤、水管、散热槽等的出厂检验单和制造厂的验收报告，必要时可到配套件厂现场见证。

（3）组装。主要检查 IGBT 电子板、IGBT 与散热器的位置等；单阀的组装应检查组件、电极、阀避雷器、光纤等的安装位置；多重阀应检查悬垂绝缘子、电晕屏蔽件等的固定。

（4）试验。主要对换流阀设备进行如下试验：例行试验（外观检查、阻抗测试、水压测试等）、型式试验（交流/直流耐压试验、操作冲击波耐压试验等）、运行试验（最大持续运行负载试验等）。

查看所有试验项目的试验结果是否满足产品的技术要求，并密切注意试验过程中的异常现象（如放电声、可闻可见电晕、电压电流的波形变化、渗漏水）等。

（5）包装发运。

1）在换流阀设备的包装发运前，监造人员应检查外观、核对产品铭牌，检查附带的文件资料、合格证等数量是否准确，检查产品外表无损伤。

2）检查所有预装配过的附件是否已做明显配装标记。

3）检查装箱运输的防水、防潮措施。

4）了解押运及有关交接事宜。

5）在换流阀设备包装发运前，须经监造工程师签字认可。

180. 基于 LCC 和 MMC 换流阀分别有哪些运维项目?

基于 LCC 换流阀：

（1）阀厅内无异味。

（2）光纤连接正常、检查触发光纤、回检光纤无脱落、断裂。

（3）阀厅内一次设备构架接地良好、紧固，无松动、锈蚀。基础无裂纹、沉降或移位。接线板无裂纹、断裂现象。引线连接可靠，自然下垂，三相（正负极）松弛度一致，无断股、散股现象。金具无松动，附件齐全。

（4）各晶闸管阀及触发监视单元位置正常，无倾斜、脱落、偏歪情况；接线无明显的断开和脱落点。

（5）检查直流分压器 SF_6 气体压力值是否在正常范围内；SF_6 气压指示清晰可见，SF_6 密度继电器外观无污物、损伤痕迹。

（6）避雷器与计数器连接的导线及接地引下线无烧伤痕迹或断股现象；避雷器放电计数器或在线监测仪计数器外观完好，无积水；泄漏电流指示无异常。

（7）换流阀冷却回路连接正常，无渗漏水。

（8）SCR、散热器、水冷电阻、阻尼电容、触发监视单元形态完好，无变形、变色痕迹，无漏水，接线无脱落，表面清洁、无积污、无放电痕迹。

（9）光纤导槽形态完好，无破损，清洁无积污、无水痕，封堵严密可靠，扎带完整，光纤无松脱、明显弯折。

基于 MMC 换流阀：

（1）阀塔清扫：在停电条件下对阀塔部件、绝缘子等部件进行检查及清扫；对换流阀屏蔽罩、支撑绝缘子、功率模块表面、光缆槽、阀塔内主水管、阀塔连接管母及铜排、漏水检测盘等阀塔部件进行清污工作，对阀的各个部位进行除尘，用医用抹布（不脱脂）进行擦洗清污。

（2）支柱绝缘子：绝缘子连接良好、垂直，元件无变形、开裂、松动及脱落情况；绝缘子形态完整，裙边无破损；元件螺栓销子位置正常，无偏移、脱落；支撑元件形态完好，无变形、弯曲、过度拉伸或压缩；无裂纹、裂痕，无放电痕迹。

（3）等电位线检查：检查等电位线，等电位线连接应可靠。

（4）功率模块检查：检查功率模块组件、阀电子电路，功率模块组件中的元件应无异常，螺栓应无松动，无放电痕迹，无氧化现象；若发现放电痕迹或损坏，应修理或更换相应功率模块；采用专用试验装置进行功率模块的开通/关断试验。

（5）光缆检查：光纤无损坏，备用光纤保护帽齐全且数量满足要求；检查光缆连接和排列情况，光纤连接应正确，无断裂、脱落；光缆接头正确插入、锁扣到位，光纤的弯曲度正常，光缆排列整齐；备用光纤头电位应可靠固定；光纤槽形态完好，无破损，无光纤脱出，无放电痕迹；防火封堵严密可靠，各点扎带双重配置且紧固良好。

（6）连接检查：检查所有电气连接是否完好，有无松动；检查导线、连接件是否已正确连接，极性必须与设计要求相符；对各个连接螺栓进行紧固检查，螺栓应无明显松动脱落；功率模块间、阀塔层间连接母线应无异常、连接紧固，如螺栓发生位移，应重新紧固并测量接触电阻，力矩要求参照制造厂有关技术文件，接触电阻不大于 10μΩ；检查连接水管、水接头连接情况，要求无漏水、渗水现象。

（7）阀基电子设备检查：检查屏柜内设备外观有无异常，屏柜内接线有无机械损伤，检查端子压接紧固情况；板卡及配件应无弯曲、变形、挤压现象，外部应无积灰，电源线、信号线无断痕；所有电气连接应完好，无松动；检查各类接线各连接处是否完好。

181. 柔性直流换流阀中快速旁路开关的作用是什么？

用于实现运行期间故障功率模块的高速旁路隔离，功率模块故障发生时通过闭合故障功率模块中的快速旁路开关使故障功率模块短路，退出运行。

182. 为什么对柔性直流换流阀旁路开关的触发电路进行双重化冗余设计？

当其中一路触发电路因局部元件故障而失效时，如电源、信号等接线松动、脱落或某单一器件失效等，另一路电路作为冗余可以继续触发旁路开关，从而提高了旁路开关触发的可靠性。

183. 柔性直流换流阀直流电容器的功能是什么？

柔性直流换流阀直流电容器是换流器的储能元件，为换流阀提供直流电压支撑。每个功率模块包含功率模块电容，通过功率模块电容器充电、放电控制来满足系统功率交换的需求。

第六章 ±800kV 多端 LCC-MMC 混合直流输电系统控保主设备

184. 基于 LCC 和 MMC 换流技术的换流站控保设备有什么区别?

MMC 站中所采用的换流变压器与 LCC 站所采用的不同，这使得在配置两站的变压器保护的时候，采用了不同的策略。当然对于换流器的保护控制设备，两站也是有着极大的不同，因为 LCC 和 MMC 两者的工作原理不同，换流器控制方法不同。LCC 站还需要配置交流滤波器装置和直流滤波装置。这使得与 MMC 站相比，LCC 站要增多对于这两者的保护控制设备。

185. 基于 LCC 换流技术的换流站控保设备有哪些?

LCC 站控制设备有交流站控（ACC）、交流滤波器控制（AFC）、站用电控制（SPC）、直流站控（DCC）、换流器控制（CCP）、直流极控（PCP）等。

LCC 站保护设备有换流变压器保护、换流器保护、极保护、直流线路保护（如有）、交流滤波器保护、直流滤波器保护等。

186. 基于 MMC 换流技术的换流站控保设备有哪些?

MMC 站控制设备有 ACC、SPC、DCC、PCP、CCP、VCP 等。

MMC 站保护设备有换流变压器保护、换流器保护、极保护、线路保护等，相比 LCC 站保护设备少了交流滤波器保护和直流滤波器保护。

187. 昆柳龙直流工程的直流电压控制是如何实现的?

定直流电压控制的换流器相当于一个有功平衡节点，其产生的电流指令控制流过换流器的有功功率的大小，保持直流侧的电压为设定值。当 VSC 交直流两侧的有功不平衡时，将引起直流电压的波动，此时有功电流则将使直流电容充电（或放电），直至直流电压稳定在设定值，实现对直流电压的控制。

采用定直流电压控制的换流器可以用于平衡直流系统有功功率和保持直流侧电压稳定。定直流电压控制器如图 6-1 所示，直流电压和直流电压指令的偏差经 PI 调节后得到有功电流的参考值。

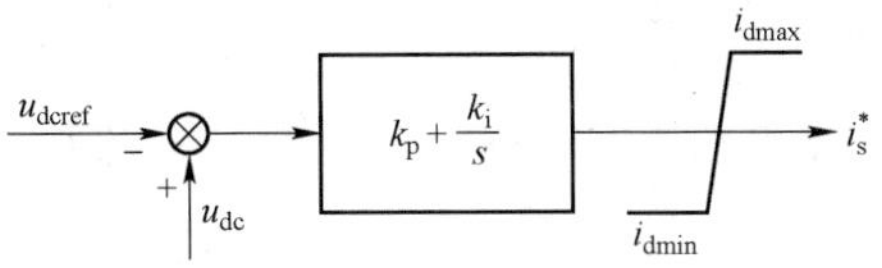

图 6-1　定直流电压控制器

对于多端混合直流系统中的 VSC 站，配置直流电压控制器的同时还配置了电压裕度环节。对于定直流电压 VSC 站，电压裕度值取为 0；对于定功率 VSC 站，电压裕度值一般可取为 0.05p.u.～0.2p.u.，当直流电压 VSC 站退出或失去对直流电压的控制时，定功率 VSC 站可以通过电压裕度控制接管直流电压控制或配合进行直流电压控制。

188. 昆柳龙直流工程的直流功率控制是如何实现的？

直流功率控制是直流系统的主要控制模式，控制系统根据有功功率参考值控制换流器与交流系统交换的有功功率。在有功功率控制下，为了保持直流输送功率恒定，控制系统通过对交流电流的调整来补偿电压的波动。有功功率控制器至少包括 3 个环节，分别是比较环节、比例积分环节、电流限幅环节。有功功率控制器如图 6-2 所示，具体参数的整定还要参照相应时间、暂态稳定性等要求。

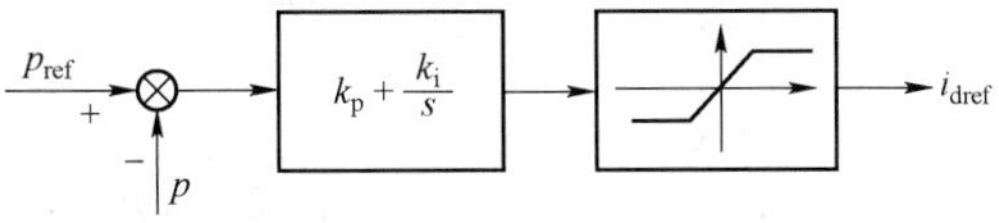

图 6-2　有功功率控制器

189. 昆柳龙直流工程无功功率控制的作用是什么？

无功功率控制可以使直流系统产生的无功功率维持在期望的参考值，无功功率控制作为稳态运行调节功能，设计比交流电压控制速度要慢。无功功率控制可改变换流站基波输出电压的幅值，保证交流电压在正常范围内运行。无功功率控制器如图 6-3 所示。

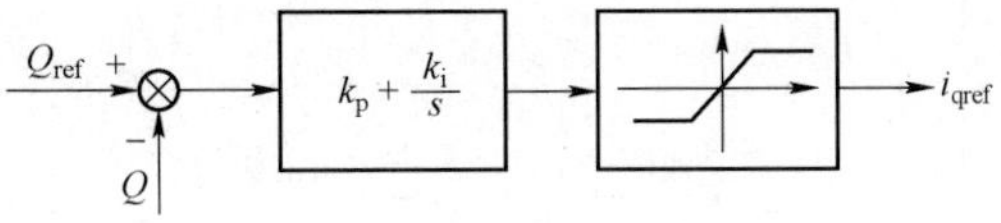

图 6-3　无功功率控制器

190. 昆柳龙直流工程在进入低电压穿越及暂态电压控制期间，无功功率输出有什么要求？

以柳州换流站为例：

（1）系统发生近区交流三相短路故障。故障期间柳州换流站500kV交流母线正序电压有效值跌落至0.2p.u.以下时，柔性直流应保持运行，不允许永久闭锁或跳闸，无功电流为0；当正序电压有效值跌落至0.2～0.4p.u.时，无功电流上限为0～0.4倍柔性直流换流器交流侧额定电流之间；在故障消失后200ms内柔性直流换流器能够恢复到故障前直流功率水平下的运行状态。

（2）系统发生中远端交流故障。故障期间柳州换流站500kV交流母线正序电压有效值跌落至0.4～0.8p.u.时，柔性直流换流器变为定交流电压控制，且根据系统交流电压变化合理调节其输出的无功功率，无功电流上限为0.4倍柔性直流换流器交流侧额定电流，有功电流上下限按照柔性直流换流器实际能力进行限制。

（3）系统发生远端交流故障。故障期间柳州换流站500kV交流母线正序电压有效值跌落至0.8～0.9p.u.时，柔性直流换流器变为定交流电压控制，且根据系统交流电压变化合理调节其输出的无功功率，无功电流上限为0.3倍柔性直流换流器交流侧额定电流，有功电流上下限按照柔性直流换流器实际能力进行限制。

191. 昆柳龙直流工程的基本控制模式是怎样的？外特性是怎样的？

昆柳龙混合直流输电系统采用送端云南侧定功率/电流、受端广西侧定功率/电流、受端广东侧定电压的控制模式。该模式下，受端广东侧可稳定地控制直流电压，同时在故障工况下，还可以采用电压裕度控制，将电压控制权切换到云南侧或广西侧。

结合柔性直流输电和常规直流输电的外特性，昆柳龙直流输电系统外特性曲线如图6-4所示。图中A点表示稳态运行时，直流系统控制模式为广东侧定电压、广西侧定功率/电流、云南侧定功率/电流；B、C、D点表示出现故障工况时，采用电压裕度控制，将直流系统的电压控制权分别切换至广西侧、云南侧、云南侧。

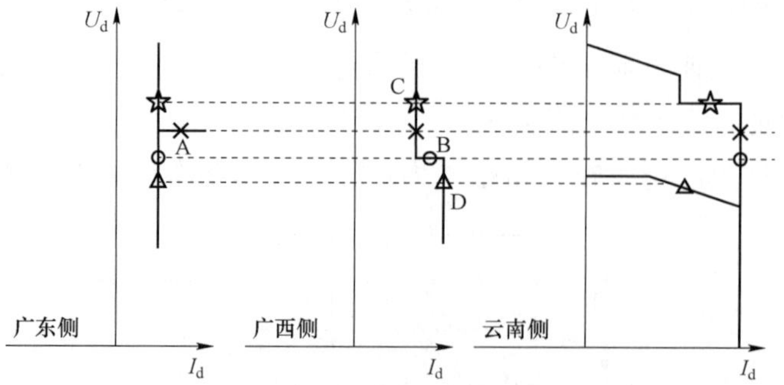

图6-4 昆柳龙直流输电系统外特性曲线图

192. 昆柳龙直流工程的控制系统是如何分层的？每一层有什么功能？

（1）换流器控制层，直流输电系统一个换流器单元的控制层次，用于换流器的控制。

主要功能有：

1）换流器触发角控制。

2）换流器顺序控制。

3）换流变压器抽头控制。

4）换流器内外环控制。

5）保护性监视功能。

6）最后断路器及分裂母线保护。

（2）极控制层，直流输电系统一个极的控制层次，除了完成本层次控制任务，还执行双极控制有关功能。

主要功能有：

1）经计算向换流器控制级提供电流整定值，控制直流输电系统的电流。主控制站的电流整定值由功率控制单元给定或人工设置，并通过通信设备传送到从控制站。

2）直流输电功率控制。

3）极起动和停运控制。

4）故障处理控制。

5）各换流站同一极之间的通信，包括电流整定值和其他连续控制信息的传输、交直流设备运行状态信息和测量值的传输等。

（3）双极控制层，双极直流输电系统中同时控制两个极的控制层次，与双极控制有关的功能都分设到了极控制层实现。

主要功能有：

1）多端协调控制。

2）设定双极的功率定值。

3）两极电流平衡控制。

4）极间功率转移控制。

5）换流站后备无功控制。

（4）站控制层，直流输电控制系统中级别最高的控制层次。本工程中除交流站控外，设立独立的直流站控。

主要功能包括：

1）全站无功控制。

2）极层或双极层的直流顺序控制、联锁等。

3）其他功能。

193. 昆柳龙直流工程的保护系统是如何分区的?

根据如图 6-5 所示的整体分区，昆柳龙直流工程的保护系统划分为常规直流换流站、柔性直流换流站、直流线路（含汇流母线）区域。

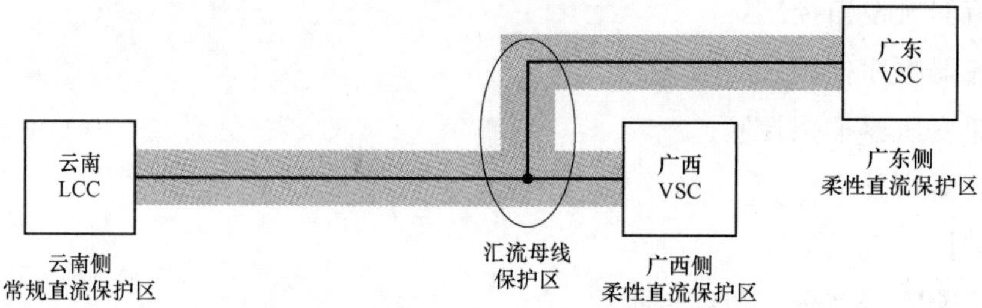

图 6-5　整体分区

194. 昆柳龙直流工程的直流站控配置有哪些功能?

直流站控系统作为整个换流站控制保护系统的一部分，完成与站级相关的直流控制功能，主要功能有：

（1）数据采集及处理，包括模拟量和开关量。

（2）模式选择，包括主控/从控转换、系统级/站级转换、混合直流/柔性直流/直流融冰运行方式转换。

（3）直流顺控及联锁，包括直流场内所有断路器、隔离开关和接地开关的控制和监视，还有直流顺序控制、联锁。

（4）无功控制，包括交流滤波器的控制和监视，以及交流电压、无功和谐波的控制。

（5）通信，包括 LAN 网通信、站间通信和系统间通信。

（6）事件的生成与上送。

（7）外部接口。

（8）系统的监视与切换。

（9）就地控制功能。

195. 昆柳龙直流工程的直流极控配置有哪些功能?

总体功能：

（1）就地控制工作站。

（2）通信，包括 LAN 网通信、与 I/O 单元的现场总线通信、各站间的站间通信以及极间通信。

（3）极相关的事件顺序记录（SER）。

（4）冗余功能。

（5）测量功能，包括交流母线电压测量、直流电压测量、直流电流测量、频率测量以及直流功率计算。

极控功能：

（1）极功率/极电流控制，包括双极功率控制、同步极电流控制、应急极电流控制、过负荷限制、最小电流限制、电流裕度补偿、电压指令生成、低压限流以及三端协调控制功能。

（2）极顺序控制，包括解锁顺序、闭锁顺序以及空载加压试验顺序控制。

（3）换流变压器分接开关控制，包括双换流器分接开关同步。

（4）保护性监视功能，包括线路再启动逻辑、直流零电流检测、空载加压试验保护以及不平衡运行保护。

196. 昆柳龙直流工程的换流器控制配置有哪些功能？

换流器控制系统指的是用于实现特高压等级的直流输电系统的换流器层相关控制及若干保护监视功能的硬件及软件，其功能主要包括以下内容。

总体功能：

（1）通信，包括站 LAN 网通信、站层控制 LAN 网通信、实时控制 LAN 网通信、现场控制 LAN 网通信、系统间通信以及换流器间通信。

（2）换流器相关的 SER。

（3）故障录波。

（4）冗余切换与监视功能。

（5）测量功能，包括换流变压器进线电压测量、换流变压器进线电流测量、直流场电压测量、直流场电流测量、换流变压器阀侧电压测量以及换流变压器阀侧电流测量。

换流器控制保护功能：

（1）LCC 换流器。

1）换流器触发角控制，包括闭环电流控制和电压调节器。

2）点火控制。

3）换流器顺序控制，包括换流器起动/停运顺序、换流器投入/退出顺序、换流器区开关顺序控制、准备顺序控制以及解闭锁顺序控制。

4）换流变压器抽头控制，包括空载控制、U_{di0} 限幅、角度控制、直流电压控制以及换流器自动抽头同步。

5）保护性监视功能，包括换流器触发监视、大角度监视、电压应力保护以及最后断路器及分裂母线保护。

（2）VSC 换流器。

1）换流器内外环控制，包括内环电流控制和外环电压功率控制。

2）换流器顺序控制，包括换流器起动/停运顺序、换流器投入/退出顺序、换流器区开关顺序控制、准备顺序控制以及解闭锁顺序控制。

3）换流变压器分接头控制，包括阀侧电压控制、调制比控制以及换流器自动抽头同步。

4）保护性监视功能，包括电压应力保护以及最后断路器及分裂母线保护。

197. 昆柳龙直流工程的线路及汇流母线保护（DLP）配置有哪些保护功能?

以柳州换流站为例，柳州换流站线路保护根据保护范围，同时配置昆柳线路保护与柳龙线路保护，汇流母线保护与线路保护在一套装置中实现。

柳州换流站直流线路/汇流母线保护包含直流线路行波保护（WFPDL）、直流线路电压突变量保护（27d*u*/d*t*）、直流线路低电压保护（27DCL）、直流线路纵联差保护（87DCLL）、金属回线纵差保护（87MRL）、交直流碰线保护（81–I/U）、快速并联开关保护（82–HSS）和汇流母线差动保护（87DCBUS）。

198. 昆柳龙直流工程的极保护（PPR）配置有哪些保护功能?

以柳州换流站为例，在极区保护和双极区保护中分别配置如下。

极区保护（包括高压母线区，中性母线区）：

极母线差动保护、中性母线差动保护、直流差动保护、直流后备差动保护、接地极开路保护、中性母线开关保护、高速并联开关保护。

双极区保护（包括高压母线区，中性母线区）：

接地极母线差动保护、接地极过流保护、接地极电流平衡保护、站内接地网过流保护、接地系统保护、金属回线接地保护、高速接地开关保护、金属回线转换开关保护、大地回线转换开关保护、金属回线横差保护。

199. 昆柳龙直流工程的阀组控制主要实现哪些控制功能?

常规直流阀组控制主要包括以下功能：

（1）换流器触发控制（CFC）。

（2）控制脉冲发生单元（CPG）。

（3）开关顺序控制（SSQ）。

（4）模式顺序控制（MSQ）。

（5）准备顺序控制（RSQ）。

（6）换流变压器分接头控制（TCC）。

柔性直流阀组控制主要包括以下功能：

（1）内环电流控制（ICTL）。

（2）外环电压/功率控制（OCTL）。

（3）开关顺序控制（SSQ）。
（4）模式顺序控制（MSQ）。
（5）准备顺序控制（RSQ）。
（6）换流变压器分接头控制（TCC）。
（7）高低换流器平衡控制。

200. 昆柳龙直流工程的阀控保护功能主要有哪些？

昆柳龙直流工程阀控配置的保护主要有子模块平均值过压保护、桥臂过流跳闸段保护、桥臂电流上升率越限保护、子模块缺少冗余保护、CCP 双备超时保护、两套阀控故障保护、阀控切换失败保护、暂停触发次数越限保护、暂停触发超时保护。

201. 柳州换流站的 HSS 配置有哪些保护？

防止开关偷跳配置了高速并联开关保护（82–HSS）。此外，在控制中配置了基于非电气量特征的分闸失灵保护、分闸超时保护。

202. 昆柳龙直流工程大地金属回线转换过程中，各柔性直流站转换开关的分合顺序是怎样配合的？

（1）三端运行方式下，单极大地回线转单极金属回线，采用柳州换流站先完成转换、龙门换流站后完成转换的操作顺序，即：合柳州换流站金属回线开关（MRS）→分柳州换流站 MRTB→合龙门换流站 MRS→分龙门换流站 MRTB。

（2）三端运行方式下，单极金属回线转单极大地回线，采用龙门换流站先完成转换、柳州换流站后完成转换的操作顺序，即：合龙门换流站 MRTB→分龙门换流站 MRS→合柳州换流站 MRTB→分柳州换流站 MRS。

（3）两端混合及柔性直流运行方式下，单极大地回线转单极金属回线，统一采用后合逆变侧 MRS，先分逆变侧 MRTB 的操作顺序完成转换，即合柳州换流站 MRS→合龙门换流站 MRS→分龙门换流站 MRTB→分柳州换流站 MRTB。

（4）两端混合及柔性直流运行方式下，单极金属回线转单极大地回线，统一采用后合逆变侧 MRTB，先分逆变侧 MRS 的操作顺序完成转换，即合柳州换流站 MRTB→合龙门换流站 MRTB→分龙门换流站 MRS→分柳州换流站 MRS。

203. 外环功率控制和内环电流控制策略如何实现？

VSC 换流器控制由外环控制策略和内环控制策略组成。外环控制器通过采集直流功率、直流电流等测量量经过派克变换产生参考电流指令送给内环控制器。内环电流控制根据矢量控制原理，通过基于前馈控制的算法使电压源换流器的数学模型中电流内环实现了解耦控制，并调制出三相交流同步电压，PLL锁相环技术控制器将采集到的三相交流同步电压实时值经 Clark 变换、比率积分环节等调制出相位值 θ，并将调制出的数据发送至阀控单元。

204. 某极两套极控系统一套严重故障，另一套极控系统失电时，直流如何闭锁?

极控系统一套严重故障将被退至“服务”状态，另一套极控系统再失电，将无法发送触发脉冲给阀控，阀控将闭锁换流器。保护检测到两套极控系统不可用，跳开换流变交流侧开关，实现直流闭锁。

205. 柔性直流换流阀阀控保护分为哪两大类?

阀控保护分系统保护和模块保护两类。系统保护是针对换流站系统进行的保护，从电气测量量到保护出口，均针对整个系统而言的，而不会仅作用于单个或有限数量个模块。模块保护则由模块控制板和配套的硬件系统完成，少数的模块保护由阀控的逻辑算法对模块反馈的信息进行判断，而后对故障模块进行单独处理。

206. 柔性直流换流阀阀控桥臂过流保护的原理是什么?

柔性直流换流阀发生阀侧交流短路等严重故障时，桥臂电流会迅速增大。桥臂过流保护的目的是在出现过流的情况下，快速关断 IGBT，确保 IGBT 在达到最大关断电流前完成关断。

207. 柔性直流换流阀阀控冗余告警和冗余用尽保护的作用是什么?

为了提高系统运行的可靠性，当功率模块发生故障时，系统会将该模块旁路，如果旁路的模块数小于允许旁路模块数的时候，系统将正常运行。为此配置了冗余告警和冗余用尽保护，用来反映系统冗余度并保证系统安全运行。

第七章 换流站辅助系统

208. 换流站站用电结构是怎样的？

换流站站用电系统一般采用三回独立电源供电，三路站用电源中一般两回电源为工作电源、一回电源为备用电源，即“两运一备”的运行方式。10kV 母线 101M 与 103M、102M 和 103M 之间装有备自投，400V 母线之间也装有备自投，保证站用负荷不间断供电。

209. 换流站对站用电的可靠性有什么要求？

换流站对站用电源的供电可靠性要求很高，每回站用电源应满足独立承担双极直流送电时的站用负荷。

一般而言，换流站站用电系统的设计应满足以下要求：

（1）保证站用电系统在故障时具有如下的性能。

1）一回站用电源或一台变压器或一条母线故障时，不减少直流输送功率，并保持冗余，即有 100%的备用可用于以后的故障。

2）两回站用电源或两台变压器故障，不减少直流输送功率，但对以后的故障则无冗余。

（2）对装设具有 100%冗余的设备（如 2 台 100%额定容量的泵），则每台设备应有一个独立的 400V 母线供电。

（3）对具有一个 *N*+1 冗余度的设备（如每五个风扇带一台冗余的风扇），除了提供两回独立的 400V 电源外，还应带有一个切换系统。

210. 换流站为什么对站用电的可靠性要求比普通变电站高？

换流站比普通的变电站对站用电的要求高，是由于换流站内的阀冷却系统主循环泵、换流变压器冷却系统以及直流保护、极控等二次系统要求不间断运行，否则将会引起直流系统跳闸。

211. 换流站 10kV 备自投和 400V 备自投如何配合?

10kV 系统与 400V 系统均配置了备自投装置，实现双重备自投，但 10kV 备自投优先动作，如果 10kV 备自投未动作，400V 备自投动作。

212. 倒换站用电后，为什么要对站内设备进行巡视?

由于换流站内的阀冷却系统主循环泵、换流变压器冷却系统等设备是不能间断运行，所以在每次倒换站用电后，应对站内重要负荷进行巡视，保证在倒换站用电后，对其供电没有影响。

213. 低压直流系统有哪些电压等级，其作用分别是什么?

低压直流系统分为 220V 直流系统、110V 直流系统、48V 直流系统和 24V 直流系统。

（1）220V、110V 直流系统用于直流测控系统、保护系统、载波设备等设备的电源。

（2）48V 直流系统是专用通信电源。

（3）24V 直流系统作为控制、音响、信号、测量、保护、事件记录、故障探测等设备的电源。

214. 充电机有哪几种运行方式?

充电机的运行方式有浮充、均充和快速充电 3 种。

215. 充电机有哪些充电程序?

（1）初始充电程序：首先对蓄电池以恒流充电，当电压上升到设定电压时自动转为恒压充电，直到恒压充电电流小于整定值时，3h 后自动转为浮充电。

（2）正常充电程序：在正常运行时以恒压充电方式运行，根据环境温度对浮充电压进行补偿。

（3）均衡充电程序：在正常运行 3～12 月（根据需求设定），高频开关自动转为均衡充电状态，先对蓄电池恒流充电，当电压上升到设定电压时自动转为恒压充电，直到恒压充电电流小于整定值时，3h 后自动转为浮充电。

（4）交流失电后补充充电程序：交流电源丢失恢复后，根据事故期间蓄电池放电容量，大于设定值进行均衡充电程序，小于设定值进行恒压充电状态直至达到蓄电池放电容量时，自动转为浮充电运行。

216. 蓄电池和充电机是如何带负荷运行的?

正常运行时，蓄电池和充电机共同带负荷，每个蓄电池组单独带负荷时能供电至少 2h。

217. 直流母线电压正常变动范围是多少？

蓄电池组在正常浮充电方式下，直流母线电压应为直流系统额定电压的 105%；其他运行方式下直流母线电压不应超过直流用电设备所允许的电压波动范围：

（1）控制负荷系统的直流母线电压应在直流系统额定电压的 85%～110%范围内。

（2）动力负荷系统的直流母线电压应在直流系统额定电压的 87.5%～112.5%范围内。

（3）控制负荷和动力负荷混合系统的直流母线电压应在直流系统额定电压的 87.5%～110%范围内。

218. 正常运行时蓄电池单体电压保持在多少范围内？

蓄电池单体电压为 U_n=2V，正常运行时单体电压保持在（2.23±0.01）V，允许变动范围为 2.25～2.30V，不超过 2.35V，低于 2.20V。

219. 进入蓄电池室应遵守什么事项？

（1）严禁烟火。

（2）不允许穿铁掌皮鞋进入蓄电池室。

（3）注意不使皮肤碰上硫酸。

220. 换流站阀冷却系统的原理是什么？

阀冷却系统分为内冷水系统和喷淋水系统。内冷水冷却换流阀设备，它将阀体上各元器件的功耗发热量排放到阀厅外，保证换流阀运行温度在正常范围内；喷淋水通过冷却塔对内冷水进行冷却，使其温度降低到较低范围。

221. 阀冷系统主要由哪些设备组成？

阀冷系统分为内冷水系统和喷淋水系统。

（1）内冷水系统主要包括：循环泵、补水泵、补水箱、主管道过滤器、离子交换器、膨胀罐、冷却水管等设备。

（2）喷淋水系统主要包括：喷淋泵、外冷水过滤器、冷却塔及其风扇、软化装置、除菌装置、喷淋水池等设备。

222. 内冷水离子交换器在阀冷系统中起什么作用？

内冷水在长期运行中，电导率会逐渐升高，为了使电导率保持在正常范围内，在内冷水主水回路上并列装有两台离子交换器，对部分内冷水进行去离子处理。两台并列运行的离子交换器，互为备用，每台都能 100%满足内冷水处理的需要。

223. 内冷水主回路上为什么要装过滤器?

内冷水管道充水后，初次运行时，管道中还有大量的杂质，所以在内冷水主回路上装有过滤器，在内冷水进入阀厅对可控硅阀进行冷却前，对内冷水中的杂质进行过滤。

224. 原水罐和补水泵在阀冷系统中的作用是什么?

内冷水系统在运行期间会有少量的损耗，为了补偿损耗的内冷水，原水罐中的纯净水通过补水泵对内冷水进行少量补水。

225. 当补水泵频繁启动，应注意什么问题?

当补水泵在短时间内多次启动，内冷水系统可能存在漏水，应仔细检查内冷水系统管道及阀厅设备是否存在漏水点。

226. 膨胀罐在阀冷系统中作用是什么?

膨胀罐放在阀冷设备室，用氮气保压，储备一定的内冷水。用于监测内冷水回路的水位和控制补水泵的起停，同时在系统传输功率时作为膨胀热水对管道增加压力的缓冲空间和补偿主水路的少量渗水。

227. 阀冷系统重要的测量值为什么要使用冗余配置?

直流系统正常运行时，如果内冷水的温度、电导率、压力等参数超过定值，会引起直流系统跳闸。如果在运行中测量装置故障，有可能引起直流系统误跳闸，可靠性较低。所以阀冷系统重要的测量值要使用双重的冗余配置，减少误动的可能性。

228. 内冷水管道在冷却塔中如何布置?

为了得到最佳的冷却效果，内冷水管道在冷却塔中使用蛇形 S 管采用低进高出的原则，使内冷水能够充分冷却。

229. 阀冷系统两路动力电源切换如何实现?

阀冷系统两路动力电源互为备用，当一路电源故障或电压低于定值时，由低压继电器无延时的切换到另一路运行，切换应平滑稳定，不应引起主循环泵等设备停运，引起直流跳闸。

230. 阀厅内冷水主水路均压电极的作用是什么？

（1）固定主水路的电位，电极在主水路中具有电压分级作用，使主水路的电位分布与主回路的电位一致，避免局部放电的发生。

（2）避免水路中金属件的腐蚀。

（3）直流均压。

231. 阀厅内冷水管道均压电极位置在哪里？

（1）每个组件的进、出水管处。

（2）四重阀主电路的两端。

（3）每个单阀主电路的两端。

232. 直流系统投运前，内冷水系统为什么要提前投入运行？

内冷水系统提前投入运行主要是为了通过离子交换器来降低内冷水电导率。因为直流系统对阀冷却系统的内冷水要求非常严格，直流系统投入运行前，要求内冷水的各项参数要达到要求，尤其是内冷水电导率。

233. 阀厅空调的作用是什么？

（1）控制温度和湿度到规定范围，保证在各种运行条件下不使阀的绝缘部件出现冷凝及过热。

（2）保持阀厅内微正压，以防止灰尘进入，保持阀厅内空气洁净。

234. 阀厅空调运行模式是怎样的？

阀厅空调系统正常运行时，一套运行，一套备用，如果一套在运行中故障则备用系统自动投运，它们互为100%备用。

235. 阀厅空调系统冷水机组和空气处理机有哪些运行模式？

阀厅空调系统冷水机组和空气处理机有两种运行模式：

（1）一用一备模式，即主机设置为单机模式，备用机设置为备用机模式（处于开机状态），当主机停机或机组故障时，会自动启动到备用机组运行。

（2）互为备用模式，即两台都设备为备用状态（都处于开机状态），当设置为主机的一台出现故障时，自动切换至设备为备用机的一台运行，若主机排除故障且备用机出现故障时，将自动切换至主机运行，依次循环。

236. 正常情况下，阀厅空调系统冷水机组和空气处理机采用哪种运行模式？

正常运行时，阀厅空调系统冷水机组和空气处理机都采用“互为备用模式”运行。在“备用”模式下不能对机组进行手动启停操作。在“单机”模式下，可对机组进行手动启停操作，但不能实现自动切换。一般情况下，禁止在“单机”模式同时启动两套机组。

237. 阀厅通风及排烟装置是如何工作的？

当阀厅内发生火灾后，经人工确认火灾已扑灭的情况下，手动打开排烟风机及排烟防火阀（常闭，带手动操作机构）排烟，同时，可开启空气处理机组内的送风机将室外新风送入阀厅内。如果烟温超过 280℃，则排烟风机进口处的排烟防火阀将关闭，并发出信号关闭排烟风机和送风机。

238. 在发生火灾时，消防系统和空调系统如何联动？

消防控制屏接收到火灾报警主控屏发出的火灾指令或送回风管温度高于 70℃的信号时，会停运相应区域的空调系统，并关闭该区域所有送回风管的风阀和防火阀。在防火阀关闭后，将防火阀关闭信号反馈至消防控制屏。

239. 火灾的分类有哪些？

根据国际标准 ISO 3941—1977《火灾分类》，按物质燃烧特性，把火灾分为 4 类。

A 类火灾：指固体物质火灾，这种物质往往具有有机物性质，一般在燃烧时能产生灼热的余烬。如木材、棉、毛、麻、纸张火灾等。

B 类火灾：指液体火灾和可熔化的固体物质火灾。如汽油、煤油、柴油、原油、甲醇、乙醇、沥青、石蜡火灾等。

C 类火灾：指气体火灾。如煤气、天然气、甲烷、乙烷、丙烷、氢气火灾等。

D 类火灾：指金属火灾。如钾、钠、镁、钛、锆、锂、铝镁合金火灾等。

240. 泡沫灭火器适用火灾范围有哪些？

适用于扑救一般 B 类火灾，如油制品、油脂等火灾，也可适用于 A 类火灾，但不能扑救 B 类火灾中的水溶性可燃、易燃液体的火灾，如醇、酯、醚、酮等物质火灾，也不能扑救带电设备及 C 类和 D 类火灾。

241. 干粉灭火器适用火灾范围有哪些？

碳酸氢钠干粉灭火器适用于易燃、可燃液体、气体及带电设备的初起火灾；磷酸铵盐干粉灭火器除可用于上述几类火灾外，还可扑救固体类物质的初起火灾，但都不能扑救金属燃烧火灾。

242. 换流站的消防供电应符合哪些规定?

（1）消防水泵、电动阀门、火灾探测报警与灭火系统、火灾应急照明应按Ⅱ类负荷供电。

（2）消防用电设备采用双电源或双回路供电时，应在最末一级配电箱处自动切换。

（3）应急照明可采用蓄电池作备用电源，其连续供电时间不应少于 20min。

（4）消防用电设备应采用单独的供电回路，当发生火灾切断生产、生活用电时，应仍保证消防用电，其配电设备应设置明显标志。消防用电设备的配电线路应满足火灾时连续供电的需要，当暗敷时，应穿管并敷设在不燃烧体结构内，其保护层厚度不应小于 30mm；当明敷时（包括附设在吊顶内），应穿金属管或封闭式金属线槽，并采取防火保护措施。当采用阻燃或耐火电缆时，敷设在电缆井、电缆沟内可不采取防火保护措施；当采用矿物绝缘类等具有耐火、抗过载和抗机械破坏性能的不燃性电缆时，可直接明敷。宜与其他配电线路分开敷设，当敷设在同一井、沟内时，宜分别布置在井、沟的两侧。

243. 换流站火灾应急照明和疏散标志应符合哪些规定?

（1）主控通信室、配电装置室、消防水泵房和建筑疏散通道应设置应急照明。

（2）人员疏散用的应急照明的照度不应低于 0.5lx，继续工作应急照明不应低于正常照明照度值的 10%。

（3）应急照明灯宜设置在墙面或顶棚上。

244. 换流站主要建筑物和设备有哪些火灾探测器?

换流站主要建筑物与火灾探测器配置如表 7－1 所示。

表 7－1　　换流站主要建筑物与火灾探测器配置

建筑物或设备	探测器
阀厅	吸气式感烟火灾探测器、红外火焰（IR）探测器、紫外火焰（UV）探测器
换流变压器、平波电抗器	紫外火焰（UV）探测器、缆式感温电缆
继电器室	光电感烟探测器
电缆夹层	光电感烟探测器

245. 换流站的电缆沟或电缆隧道采用哪些防止电缆火灾蔓延的阻燃或分隔措施？

（1）采用防火隔墙或隔板，并用防火材料封堵电缆通过的孔洞。

（2）电缆局部涂防火涂料或采用防火带、防火槽盒。

246. 换流站换流变压器消防系统自动动作条件是什么？

（1）感温电缆动作。

（2）手动报警按钮动作。

（3）紫外火焰探测器动作。

以上 3 条判据同时满足两条时，且变压器各侧断路器在分闸位置时，变压器消防系统将动作。

247. 换流站水喷雾灭火系统原理图是怎样的？

换流站水喷雾灭火系统原理如图 7–1 所示。

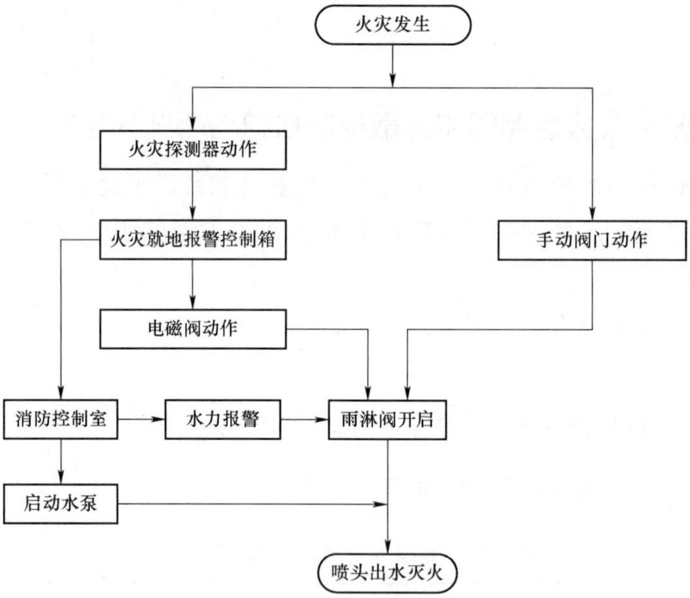

图 7–1　换流站水喷雾灭火系统原理图

248. 消防供水系统有哪些设备？

（1）消防水池。

（2）电动消防泵。

（3）一套消防稳压设备（含消防稳压泵及稳压罐）。

（4）就地消防控制盘（消防泵专用控制柜）。

（5）消防给水管网。

249. 消防稳压泵的作用是什么？

正常情况下，稳压泵运行使消防给水系统处于高压的消防准备状态。当消防给水系统管网因渗漏而压力下降时，通过管网实时检测的压力信号，自动调控稳压泵的启停，及时向管网充水，以稳定管网压力在设定范围之内。

250. 当接到消防启动信号，消防供水系统如何动作？

当接到消防启动信号（消防报警信号、水压信号或消防控制中心指令等），消防主泵迅速启动，提供达到消防压力的流量。如果主泵启动失败，管网压力持续下降，消防备用泵立即自动投入工作。当电动消防泵启动后，电动稳压泵自动停运。

电动消防泵启动以后，稳压泵自动停机，柴油机泵启动后，电动消防泵自动停机。除自动控制之外，系统还具有就地及远程启动控制方式。

251. 数据采集与监视控制系统（SCADA）有哪些功能配置？

（1）节点通信。换流站 SCADA 系统设备（包括 SCADA 服务器和各工作站）接入 SCADA LAN 网通过 TCP/IP 进行通信。

（2）支撑平台。系统支撑平台是整个监控系统的核心，主要包括数据库平台、图模库一体化的图形编辑工具和在线显示工具—人机系统、系统管理、权限管理、事件报警、报表管理、数据通信服务、网络监视管理等。

（3）系统管理。SCADA 系统可对系统的逻辑组成、软件和硬件的配置等进行管理，也可对系统的在线运行过程进行管理和监视。

（4）分布式实时数据库。SCADA 系统采用高效数据存取的分布式实时数据库，实现换流站监视、控制、数据存储。同一数据库根据需要可分布于系统各节点，完善的一致性策略保证复本之间的同步更新。数据库的多副本也可避免单点故障，从而提升了系统的可靠性。

（5）商用历史数据库。SCADA 服务器安装 MySQL 商用数据库用作历史数据库，用来保存历史数据，包括昆柳龙直流输电工程史事件、报表数据等。同时提供对实时、历史数据的统一查询，而不需人为区分。

（6）人机接口（在线显示）。在线显示工具是运行人员工作站上的人机交互接口，适用于电力系统自动化显示和控制的图形软件，用来显示由图形编辑器生成的各类监控图形，包括系统单线图、直流顺控流程图以及各种控制画面等。在线显示工具实现运行人员的控制权限管理、换流站的全部监视功能和控制功能。

（7）事件与报警系统。交直流控制保护系统的事件/报警信息全部由控制保护系统自身产生，经由 SCADA LAN 网发送到 SCADA 系统，由 SCADA 系统处理后保存到实时数据库和历史数据库中。运行人员控制系统同时提供相应的事件/报警显示工具，将系统所产生的事件、报警信息，通过人机界面在后台监控中显示出来，以便操作人员及时准确地处理和解决事故。

（8）在线谐波监视。系统提供 1 台谐波监视工作站并提供在线谐波监视用工具软件，用棒图在线显示所选择谐波监视点的 1～50 次谐波值。谐波监视点可在线动态选择。

（9）曲线功能。曲线工具是一个完善的集曲线的定义、显示、存放为一体的图形系统。曲线工具可根据用户的需求进行曲线的制作，还可以将一些定义好的曲线保存起来，以便随时调用。

（10）报表功能。系统提供类似 Excel 风格的报表，用于定义和显示换流站的日常报表。报表提供定时打印和召唤打印功能，报表也能够定时或随时保存为真实的 Excel 文件。

（11）定值整定。定值整定工具用于查看和整定交流场开关同期定值、极控制保护定值和保护动作矩阵。

（12）系统对时。SCADA 服务器、各类运行人员工作站采用 NTP 与接入 SCADA LAN 网的主时钟进行昆柳龙直流输电工程对时。

（13）对站监视功能。两站 SCADA 系统通过 WAN 网桥连接，经 SCADA 系统通信通道相互传送换流站有关的设备运行信息，使三端换流站都能监视对站的主要运行状况。

（14）就地控制。在站及双极控制设备室室、各继电器小室配置就地控制 LAN 网和就地控制工作站，实现直流控制系统、各继电器小室交流控制系统的就地监视与控制功能。

252. SCADA 系统有哪些系统配置？

SCADA 系统分布在双以太网（SCADA LAN 网）上，包括 2 台 SCADA 服务器、多台运行人员工作站、远动工作站还有控制保护系统等。

（1）SCADA LAN 网络采用 100/1000Mbit 双以太网，覆盖整个 AC 与 DC 场、换流阀厅与控制大楼，以及站内其他需要的设备或区域。主控楼公用控制保护室、极 1/极 2 控制保护室和辅控楼、各个继电器小室都配置有冗余 SCADA LAN 的交换机，各继电器小室、极 1/极 2 控制保护室与主控楼公用控制保护室之间的级联交换机采用光纤网络联接。

（2）冗余 SCADA 服务器：冗余配置，是整个换流站数据采集、数据处理、数据存储以及发送的中心，管理和显示换流站的运行信息。SCADA 服务器基于 Linux 操作系统，将前置（数据采集）服务、SCADA 服务、历史服务集成在一起，负责 SCADA 系统与控制保护系统之间的数据通信、SCADA 实时数据库的同步、SCADA 系统的管理及历史数据的存储等。

（3）文件服务器：用于保存故障录波信息；PCD 图、程序源码等。

（4）运行人员工作站：是换流站监控系统的主要人机界面，用于监视和控制换流站交直流系统的运行。OWS 工作站基于 Linux 操作系统。

（5）工程师工作站：用于生成和维护人机界面，录入、修改数据库数据，分析服务器存储的数据，处理报表，分配运行人员的口令和操作权限等，也用于控制保护软件的开发和调试。当然，也可以像运行人员工作站一样用于 AC/DC 系统运行监视。

（6）站长工作站：用于 AC/DC 系统运行状态监视和站管理，可具有运行人员工作站一样的监视功能，但不对换流站进行控制操作。

（7）远动工作站：用于换流站控制系统和远方控制中心的接口。远动工作站采用南瑞继保的 PCS－9799 型远动通信装置，直流控制保护系统通过冗余 PCADA LAN 网与 PCS－9799 远动工作站接口并进行通信，遵循“直采直送”的原则，而远动工作站与远方调度之间的接口方式包括调度数据网和 2M 专线通道，对应的通信方式为 104 远动通信规约。

（8）网络打印系统：用于打印事件、报表等信息。

（9）时钟系统：接收 GPS 或北斗时间并负责与控制保护系统、SCADA 系统、交流保护装置、保护信息与故障录波子站、电量计量系统及其他二次系统或辅助系统的时间同步和对时。

（10）辅助系统接口：除了采用 IEC 61850 规约的阀冷却系统、阀控及辅助系统直接 PSCADA LAN 网之外，在主控楼各控制保护室及各个继电器小室各配置一台规约转换装置，通过串口或网口接入电量计量系统、阀冷却系统、阀控及其他辅助系统等，并转换成标准的 IEC 103 规约，经 SCADA LAN 网将相应的信息集成到 SCADA 系统中。

（11）与直流保护系统接口：分布在主控楼、辅控楼、交流继电器小室的极保护、换流器保护、交流滤波器保护、直流滤波器保护、换流变压器保护系统等，除了接入保信子网之外，还接入其所在的主控楼极 1/极 2 控制保护室、继电器小室的 SCADA LAN 交换机，采用 IEC 61850 规约与 SCADA 系统通信，并由 SCADA 系统集成直流保护系统的保护信息。

（12）WAN 网桥：将三端换流站的 SCADA LAN 网连接构成 WAN 网，用于三端换流站 SCADA 系统之间的通信，以便相互监视对站的运行工况。

第八章　特高压多端混合直流典型故障

253. 交流线路有哪些设备状态？

（1）检修：交流线路隔离开关处于拉开位置，交流线路断路器处于分闸位置，交流线路接地开关处于合上位置。

（2）冷备用：交流线路隔离开关处于拉开位置，交流线路断路器处于分闸位置，交流线路接地开关处于拉开位置。

（3）热备用：交流线路隔离开关处于合上位置，交流线路断路器处于分闸位置，交流线路接地开关处于拉开位置。

（4）运行：交流线路隔离开关处于合上位置，交流线路断路器处于合闸位置，交流线路接地开关处于拉开位置。

254. 直流线路有哪些设备状态？

（1）检修：直流线路正负极隔离开关处于拉开状态，线路接地开关处于合上状态。

（2）冷备用：安全措施拆除，直流线路正负极隔离开关及线路接地开关处于拉开状态。

（3）运行：安全措施拆除，相关保护投入，该直流线路正负极隔离开关处于合上状态，线路接地开关处于拉开状态。

注：无直流母线的换流站直流线路隔离开关和换流器正负极隔离开关共用，定义为换流器正负极隔离开关。

255. 直流母线有哪些设备状态？

（1）检修：直流母线上所有直流线路隔离开关处于拉开状态。直流母线接地开关处于合上状态。

（2）冷备用：直流母线上所有直流线路隔离开关处于拉开状态，直流母线接地开关处于拉开状态。

（3）运行：直流母线上任一直流线路隔离开关处于合上状态，直流母线接地开关处于拉开状态。

256. 联结变压器有哪些设备状态?

（1）检修：联结变压器各侧隔离开关处于拉开状态，交流线路断路器处于分闸状态，断路器两侧隔离开关处于拉开状态，联结变压器各侧接地开关处于合上状态。

（2）冷备用：联结变压器各侧隔离开关处于拉开状态，交流线路断路器处于分闸状态，断路器两侧隔离开关处于拉开状态，联结变压器各侧接地开关处于拉开状态。

（3）热备用：联结变压器各侧隔离开关处于合上状态，交流线路断路器两侧隔离开关处于合上状态，交流线路断路器处于分闸状态，联结变压器各侧接地开关处于拉开状态。

（4）运行：联结变压器各侧隔离开关处于拉开状态，交流线路断路器处于合闸状态，断路器两侧隔离开关处于合上状态，联结变压器各侧接地开关处于拉开状态。

257. 换流阀有哪些设备状态?

（1）闭锁状态。常规直流：换流阀充电完成，无触发脉冲；柔性直流：换流阀充电完成，未进行有功功率或无功功率的控制。

（2）解锁状态。常规直流：触发脉冲触发换流阀，换流阀导通；柔性直流：进行有功功率或无功功率的控制。

258. 换流器有哪些设备状态?

（1）检修：换流变与交流系统隔离（有换流变交流侧进线隔离开关的，隔离开关在拉开位置；无换流变交流侧进线隔离开关的，交流侧断路器在冷备用或检修状态）；无换流阀直流侧隔离开关的，极母线隔离开关、直流中性母线隔离开关、接地极母线隔离开关在拉开位置；有换流阀直流侧隔离开关的，换流阀直流侧隔离开关在拉开位置；换流器所有接地开关在合上位置。

（2）冷备用：换流变与交流系统隔离（有换流变交流侧进线隔离开关的，隔离开关在拉开位置；无换流变交流侧进线隔离开关的，交流侧断路器在冷备用或检修状态）；无换流阀直流侧隔离开关的，极母线隔离开关、直流中性母线隔离开关、接地极母线隔离开关在拉开位置；有换流阀直流侧隔离开关的，换流阀直流侧隔离开关在拉开位置；换流器所有接地开关在拉开位置。

（3）交流侧热备用：换流变交流侧断路器在热备用状态（有换流变交流侧进线隔离开关的，隔离开关在合上位置），换流变阀侧隔离开关在合上位置，换流变阀侧断路器在断开位置；无换流阀直流侧隔离开关的，极母线隔离开关、直流中性母线隔离开关、接地极母线隔离开关在拉开位置；有换流阀直流侧隔离开关的，换流阀直流侧隔离开关在拉开位置；换流器所有接地开关在拉开位置。相关保护投入。

（4）热备用：换流变交流侧断路器在运行状态（有换流变交流侧进线隔离开关的，隔离开关在合上位置），换流变阀侧断路器、隔离开关在合上位置；无换流阀直流侧隔离开关的，极母线隔离开关在合上位置，直流中性母线隔离开关或接地极母线隔离开关在合上位置；有换流阀直流侧隔离开关的，换流阀直流侧隔离开关在合上位置，旁路隔离开关在拉开位置；换流器所有接地开关在拉开位置；换流阀闭锁。相关保护投入。

（5）运行：换流变交流侧断路器在运行状态（有换流变交流侧进线隔离开关的，隔离开关在合上位置），换流变阀侧断路器、隔离开关在合上位置；无换流阀直流侧隔离开关的，极母线隔离开关在合上位置，直流中性母线隔离开关或接地极母线隔离开关在合上位置；有换流阀直流侧隔离开关的，换流阀直流侧隔离开关在合上位置，旁路断路器在断开位置，旁路隔离开关在拉开位置；换流器所有接地开关在拉开位置；换流阀解锁。相关保护投入。

259. 单站换流站典型操作任务有哪些?

（1）极状态转换：

1）极 X 由极隔离转极接地。

2）极 X 由极隔离转极连接。

3）极 X 由极接地转极隔离。

4）极 X 由极连接转极隔离。

5）极 X 由极隔离转极连接（STATCOM 方式）。

6）极 X 由极连接转极隔离（STATCOM 方式）。

（2）直流接线方式转换：

1）极 X 单极大地回线方式转极 X 单极金属回线方式（两端运行）。

2）极 X 单极大地回线方式转极 X 单极金属回线方式（三端运行）。

3）极 X 单极金属回线方式转极 X 单极大地回线方式（两端运行）。

4）极 X 单极金属回线方式转极 X 单极大地回线方式（三端运行）。

（3）直流线路状态转换：

1）极 X 线路由检修转冷备用。

2）极 X 线路由冷备用转运行。

3）极 X 线路由运行转冷备用。

4）极 X 线路由冷备用转检修。

（4）换流器状态转换：

1）极 X 低/高端换流器由接地转停运。

2）极 X 低/高端换流器由备用转停运（极 X 低/高端换流器未隔离，极 X 高/低端换流器在非解锁状态）。

3）极 X 低/高端换流器由备用转停运（极 X 低/高端换流器未隔离，极 X 高/低端换流器在解锁状态）。

4）极 X 低/高端换流器由备用转停运（极 X 低/高端换流器已隔离）。

5）极 X 低/高端换流器由停运转备用（连接至 500kVⅡ母）。

6）极 X 低/高端换流器由停运转备用（连接至 500kVⅠ母）。

7）极 X 低/高端换流器由停运转备用（连接至 500kVⅠ母和Ⅱ母）。

8）极 X 低/高端换流器由隔离转连接（极 X 高/低端换流器在非解锁状态）。

9）极 X 低/高端换流器由隔离转连接（极 X 高/低端换流器在解锁状态）。

10）极 X 低/高端换流器由连接转隔离（极 X 高/低端换流器在非解锁状态）。

11）极 X 低/高端换流器由连接转隔离（极 X 高/低端换流器在解锁状态）。

12）极 X 低/高端换流器由备用转充电（不控充电，极 X 高/低端换流器在非解锁状态）。

13）极 X 低/高端换流器由备用转充电（不控充电，极 X 高/低端换流器在解锁状态）。

14）极 X 低/高端换流器由不控充电转可控充电。

15）极 X 低/高端换流器由可控充电转解锁（多端同时启动，极 X 高/低端换流器在非解锁状态）。

16）极 X 低/高端换流器由可控充电转解锁（多端同时启动，极 X 高/低端换流器在解锁状态）。

17）极 X 低/高端换流器由充电转解锁（STATCOM 方式，极 X 高/低端换流器隔离）。

18）极 X 低/高端换流器由解锁转备用（多端同时停运，连接于 500kVⅠ母和Ⅱ母，极 X 高/低端换流器在非解锁状态）。

19）极 X 低/高端换流器由解锁转备用（多端同时停运，连接于 500kVⅡ母，极 X 高/低端换流器在非解锁状态）。

20）极 X 低/高端换流器由解锁转备用（多端同时停运，连接于 500kVⅠ母，极 X 高/低端换流器在非解锁状态）。

21）极 X 低/高端换流器由解锁转备用（STATCOM 方式，连接 500kV #1M、#2M，极 X 高/低端换流器隔离）。

22）极 X 低/高端换流器由解锁转备用（STATCOM 方式，连接 500kV #1M，极 1 高/低端换流器隔离）。

23）极 X 低/高端换流器由解锁转备用（STATCOM 方式，连接 500kV #2M，极 1 高/低端换流器隔离）。

24）极 X 低/高端换流器由充电转备用。

25）极 X 低/高端换流器由停运转接地。

26）极 X 双换流器由充电转解锁（多端同时启动）。

27）极 X 双换流器由解锁转备用（多端同时停运）。

28）极 X 双换流器由充电转解锁（本站单端极 1 在线投入）。

29）极 X 双换流器由解锁转备用（本站单端极 1 在线退出）。

30）极 X 双换流器由充电转解锁（STATCOM 方式）。

31）极 X 双换流器由解锁转备用（STATCOM 方式）。

（5）接地极状态转换：

1）接地极线路由隔离转接地。

2）接地极线路由隔离转连接。

3）接地极线路由接地转隔离。

4）接地极线路由连接转隔离。

（6）换流器在线投退：

1）极 X 低/高端换流器由充电转解锁（多端在线投入，极 X 高/低端换流器在解锁状态）。

2）极 X 低/高端换流器由解锁转备用（多端在线退出，极 X 高/低端换流器在解锁状态）。

3）极 X 低/高端换流器由充电转解锁（本站单端极 X 在线投入，极 X 高/低端换流器未在解锁状态）。

4）极 X 低/高端换流器由解锁转备用（本站单端极 X 在线退出，极 X 高/低端换流器未在解锁状态）。

5）配合主控站将极 X 低/高端换流器由解锁转备用（多端在线退出，极 X 高/低端换流器在解锁状态）。

（7）双极启停：

1）双极双换流器由充电转解锁（多端同时启动，极 1 高/低端换流器和极 2 高/低端换流器）。

2）双极三换流器由充电转解锁（多端同时启动，极 1 高/低端换流器和极 2 双换流器）。

3）双极三换流器由充电转解锁（多端同时启动，极 1 双换流器和极 2 高/低端换流器）。

4）双极四换流器由充电转解锁（多端同时启动）。

5）双极双换流器由解锁转备用（多端同时停运，极 1 高/低端换流器和极 2 高/低端换流器）。

6）双极三换流器由解锁转备用（多端同时停运，极 1 高/低端换流器和极 2 双换流器）。

7）双极三换流器由解锁转备用（多端同时停运，极 1 双换流器和极 2 高/低端换流器）。

8）双极四换流器由解锁转备用（多端同时停运）。

9）双极双换流器由充电转解锁（站在线投入，极 1 高/低端换流器和极 2 高/低端换流器）。

10）双极三换流器由充电转解锁（站在线投入，极 1 高/低端换流器和极 2 双换流器）。

11）双极三换流器由充电转解锁（站在线投入，极 1 双换流器和极 2 高/低端换流器）。

12）双极四换流器由充电转解锁（站在线投入）。

13）双极双换流器由解锁转备用（站在线退出，极 1 高/低端换流器和极 2 高/低端换流器）。

14）双极三换流器由解锁转备用（站在线退出，极 1 高/低端换流器和极 2 双换流器）。

15）双极三换流器由解锁转备用（站在线退出，极 1 双换流器和极 2 高/低端换流器）。

16）双极四换流器由解锁转备用（站在线退出）。

17）双极由充电转解锁（STATCOM 方式，极 1 高/低端换流器和极 2 高/低端换流器）。

18）双极由充电转解锁（STATCOM 方式，极 1 高/低端换流器和极 2 双换流器）。

19）双极由充电转解锁（STATCOM 方式，极 1 双换流器和极 2 高/低端换流器）。

20）双极由充电转解锁（STATCOM 方式，双极四换流器投入）。

21）双极由解锁转备用（STATCOM 方式，极 1 高/低端换流器和极 2 高/低端换流器）。

22）双极由解锁转备用（STATCOM 方式，极 1 高/低端换流器和极 2 双换流器）。

23）双极由解锁转备用（STATCOM 方式，极 1 双换流器和极 2 高/低端换流器）。

260. 柳州换流站在线投入过程中故障如何进行操作处理？

昆北—龙门两端 800kV 运行时，柳州换流站极 1 极连接状态、08106 开关在分位，柳州换流站极 1 以直流电压控制模式解锁后，将直流高压母线电压（UDCH）控到 800kV 左右，在柳州换流站后台操作极 1 在线投入时，应先断开柳州换流站极母线 HSS、合上 08106 开关、再合上柳州换流站极母线 HSS，完成柳州换流站投入。

柳州换流站在线投入时，若柳州换流站极母线 HSS 分开后，08106 开关由于电机电源故障、机构卡涩等原因合不上，此时极线 HSS 的阀侧是 800kV 电位，线路侧是悬浮电位，导致 HSS 两端有较大的压差，在 HSS 断口间电压持续耐受 1h 的能力范围内，需要及时进行处理。

处理措施：经图像监控、监控系统电气量检测确认 HSS 设备正常，进行现场检查，1h 内申请调度闭锁柳州换流站并极隔离，对 08106 断路器电源、机构及二次回路进行检查后，若评估需要停电对开关进行处理，再申请调度将昆龙两端闭锁，完成安全措施后对故障开关进行检查处理。

261. 柳州换流站在线退出过程中故障如何进行操作处理？

昆北—柳州—龙门三端 800kV 运行，后台操作柳州换流站极 1 在线、故障退出时，柳州换流站极 1 闭锁、昆北换流站配合移相、龙门换流站配合闭锁，三站均闭锁或移相后，断开柳州换流站极母线 HSS。柳州换流站极母线 HSS 断开后，检测到柳州换流站极母线 HSS 分位时，昆北、龙门两站重启重新解锁、同时柳州换流站极隔离、分 08106 开关，完成柳州换流站退出。

若柳州换流站 HSS 断开、龙门换流站重启建立直流电压后，柳州换流站极隔离过程中 08105 开关、08106 开关均无法拉开，此时极母线 HSS 的阀侧被钳制为零电位、线路侧为 800kV，导致极母线 HSS 两侧压差为 800kV，而 HSS 开关的端口电压耐受能力为 800kV 可耐受 1h。此时无保护能动作，而柳州换流站已闭锁，运行人员无法进行停运等处理。

处理措施：发生此种情况概率较低，但发生此种情况时，柳州换流站已闭锁，1h 内申请调度闭锁该极（昆龙两端对应极）。另外，为了确保 HSS 设备安全，增加 HSS 分开后，08105、08106 开关均拒分 1h 内（50～60min 之间设置定值）去闭锁昆北—龙门两端对应极的逻辑（设置此逻辑主要考虑如柳州换流站已向调度调度申请闭锁昆北—龙门两端对应极，但未能在 1h 内有效完成昆北—龙门两端对应极闭锁的情况下实现强制闭锁，确保 HSS 设备安全），作为设备安全技防最后一道防线。

262. 龙门换流站在线投入过程中故障如何进行操作处理？

昆北—柳州两端 800kV 运行时，龙门换流站极 1 极连接、柳州换流站极 1 柳龙线隔离状态，龙门换流站极 1 以直流电压控制模式解锁后，将 UDCH 控到 800kV 左右，在龙门换流站后台操作极 1 在线投入时，应先合上柳州换流站极 1 汇流母线区域柳龙线 08701、08702 开关（柳龙线 08701、08702 开关同时下令合闸）、再合上极 1 柳龙线 HSS，完成龙门换流站投入。

若 08701 开关合上、08702 开关无法合上，此时柳龙线 HSS 的汇流母线侧是 800kV 电位，柳龙线线路侧是悬浮电位，导致 HSS 两端有较大的压差，而 HSS 开关的端口电压耐受能力为 800kV 可耐受 1h，需尽快对拒合的 08702 开关进行处理。

处理措施：经图像监控、监控系统电气量检测确认 HSS 设备正常，进行现场检查，1h 内申请调度闭锁龙门站，1h 内顺控手动拉开柳州换流站 08701 开关，完成安全措施后对故障刀闸进行检查处理。

263. 换流站交流侧系统常见故障有哪些？

（1）交流电压不平衡。交流电压的不平衡一般由不对称负荷、不对称故障、设备故障等原因引起。交流电压不平衡保护可根据故障的严重程度发出报警信号，并根据需要闭锁换流器以及跳闸。

（2）工频欠压与工频过压。工频欠压主要是由于发电机、并联电容、无功补偿装置切除导致的交流系统电压降低。换流站一般通过控制母线电压来维持该点电压的变化范围，同时，变压器的分接头也可以配合换流器来保持参数在限制范围内，如果电压变化过大，交流电压异常保护会闭锁换流器并跳开断路器。

（3）交流电压骤降。交流电压骤降主要是由雷电侵袭、倒树等原因造成。该故障可能是单相或多相的故障，一般视为非永久性故障。

（4）交流侧操作过电压。交流侧操作过电压一般是由于交流线路充电、故障清除等引起的过电压。由于联结变压器与桥臂电抗器的抑制作用，交流系统操作过电压对 MMC 阀影响较小。该故障可通过避雷器动作或者启动一些数字暂态记录仪来进行检测。

（5）交流侧雷电过电压。雷电过电压是由于距离换流器较近的架空线路遭受雷击所引起，雷电过电压可分为换流站直击雷和交流线路侵入波两类。

264. 换流站直流侧系统常见故障有哪些？

直流侧故障主要包括直流线路故障、直流极线操作过电压、直流侧雷电过电压等，以下针对几种直流侧故障进行介绍。

（1）直流线路故障。直流输电用架空线可能由于雷电、污染、外力的破坏等原因而导致直流线路对地绝缘失效，或者由于两导体间绝缘损坏等发生短路、断线等故障。架空线的故障可能是暂时性故障，也可能是永久性故障。

（2）直流极线操作过电压。直流极线操作过电压指突然闭锁远端的换流器或者是直流电压控制器控制失败所引起的过电压。直流过电压的持续时间长、幅值高，可通过检测直流电压来检测，常由直流电压异常保护进行保护动作。采用避雷器可以直接有效地抑制此过电压。

（3）直流侧雷电过电压。直流侧雷电过电压主要是指换流站直流进线段线路遭受雷击引起，由于换流站在极线入口处安装有直流线路避雷器，可有效限制该过电压，但仍需进行换流站直流场雷电侵入波过电压校核，以确保直流极线设备的安全。

265. 常规直流换流站 Y 桥阀侧单相接地故障时，保护如何动作？有什么故障特征？

保护动作情况：

Y 桥阀短路保护（87SCY）动作（500μs）；D 桥阀短路保护（87SCD）动作（500μs）；直流差动保护（87DCM）Ⅰ段动作（5ms）。

故障特征：

（1）直流高压母线电流（IDCH）与中性母线电流（IDCN）之间存在差流，换流器存在故障接地点。

（2）Y 桥阀侧交流电流（IVY）、D 桥阀侧交流电流（IVD）、IDCN 均增大，故障点与接地极形成故障回路。IDCH 降低为 0。闭锁脉冲，当电流过零后，故障消除。

（3）UDCH 有所降低，约等于 400kV，此后持续该电压，直到逆变侧移相 90°。

266. 常规直流换流站 D 桥阀侧单相接地故障时，保护如何动作？有什么故障特征？

保护动作情况：

D 桥阀短路保护（87SCD）动作（500μs）；直流差动保护（87DCM）Ⅰ段动作（5ms）。

故障特征：

（1）IDCH 与 IDCN 之间存在差流，换流器存在故障接地点。

（2）IVD、IDCN 均增大，故障点与接地极形成故障回路。IVY、IDCH 降低为 0。闭锁脉冲，当电流过零后，故障消除。

（3）UDCH 有所降低，约等于 400kV，此后持续该电压，直到逆变侧移相 90°。

267. 常规直流换流站 Y 桥阀侧相间故障时，保护如何动作？有什么故障特征？

保护动作情况：

Y 桥阀短路保护（87SCY）动作（500μs）。

故障特征：

（1）IVY 短路相之间形成短路故障电流，两相电流大小相等，相差 180°，相间故障大约持续 2 个周波，当交流开关断开后，故障清除。IVD 电流降为 0。

（2）IDCH、IDCN 之间不存在差流，故障发生后直流电流降为 0，接地极母线电流（IDLN）存在振荡电流。

（3）UDCH 有所降低，约等于 400kV，此后持续该电压，直到逆变侧移相 90°。

268. 常规直流换流站 D 桥阀侧相间故障时，保护如何动作？有什么故障特征？

保护动作情况：

D 桥阀短路保护（87SCD）动作（500μs）。

故障特征：

（1）IVD 短路相之间形成短路故障电流，两相电流大小相等，相差 180°，相间故障大约持续 2 个周波，当交流开关断开后，故障清除。IVY 电流降为 0。

（2）IDCH、IDCN 之间不存在差流，故障发生后直流电流降为 0。IDLN 存在振荡电流。

（3）UDCH 有所降低，约等于 400kV，此后持续该电压，直到逆变侧移相 90°。

269. 常规直流换流站高压换流器桥臂短路时，保护如何动作？有什么故障特征？

保护动作情况：

Y 桥阀短路保护（87SCY）动作（500μs）；直流过流保护（50/51C－76）Ⅰ段（DCOCP）动作（5ms）。

故障特征：

（1）IVY 中的两相存在短路电流，短路电流达 20kA 以上。通过 IVY 故障电流的方向，可以判断短路桥臂（换相法）。

（2）IDCH 与 IDCN 之间不存在差流，故障发生后 IDCH、IDCN、IVD 逐渐降低。

（3）UDCH 与非故障相电压大约一致。开关断开后，维持开关断开电压。

270. 常规直流换流站低压换流器桥臂短路时，保护如何动作？有什么故障特征？

保护动作情况：

D 桥阀短路保护（87SCD）动作（500μs）；直流过流保护（50/51C－76）Ⅰ段（DCOCP）动作（5ms）。

故障特征：

（1）IVD 中的两相存在短路电流，短路电流达 20kA 以上。通过 IVY 故障电流的方向，可以判断短路桥臂（换相法）。

（2）IDCH 与 IDCN 之间不存在差流，故障发生后 IDCH、IDCN、IVY 降低为 0。

（3）小功率：UDCH 有所降低，约等于 400kV，此后持续该电压，直到逆变侧移相 90°。大功率：UDCH 与非故障相电压大约一致。开关断开后，维持开关断开电压。

271. 柔性直流换流站高端换流器换流变压器网侧单相接地故障时，保护如何动作？

交流侧不控充电，启动电阻旁路刀闸合上前发生该故障：启动电阻过流保护（50/51R）Ⅱ段动作；换流变压器网侧中性点偏移保护（59ACGW）动作。

交流侧不控充电，启动电阻旁路刀闸合上后发生该故障：换流变压器网侧中性点偏移保护（59ACGW）动作。

272. 柔性直流换流站低端换流器换流变压器网侧单相接地故障时，保护如何动作？

交流侧可控充电期间发生该故障：换流变压器网侧中性点偏移保护（59ACGW）动作。

273. 柔性直流换流站高端换流器换流变压器网侧两相故障时，保护如何动作？

交流侧不控充电，启动电阻旁路刀闸合上前发生该故障：换流变压器阀侧中性点偏移保护（59ACVW）动作。

交流侧不控充电，启动电阻旁路刀闸合上后发生该故障：高频谐波保护（81V）电压段告警；换流变压器阀侧中性点偏移保护（59ACVW）动作（换流变压器大差、引线保护）。

274. 柔性直流换流站高端换流器换流变压器阀侧两相故障时，保护如何动作？

高阀单换流器运行，阀侧 AB 相间短路故障时：交流连接母线差动保护（87CH）A 相动作；交流连接母线差动保护（87CH）B 相动作；交流连接母线过流保护（50/51T）A 相Ⅰ段动作；交流连接母线过流保护（50/51T）B 相Ⅰ段动作。

275. 柔性直流换流站低端换流器换流变压器阀侧两相故障时，保护如何动作？

低阀单换流器运行，阀侧 AB 相间短路故障时：交流连接母线差动保护（87CH）A 相动作；交流连接母线差动保护（87CH）B 相动作；交流连接母线过流保护（50/51T）A 相Ⅰ段动作；交流连接母线过流保护（50/51T）B 相Ⅰ段动作；下桥臂过流保护（50/51C）B 相Ⅰ段动作。

276. 柔性直流换流站高端换流器换流变压器阀侧单相接地故障时，保护如何动作？

极 2 高阀单换流器交流侧可控充电期间，阀侧 A 相接地短路故障时：直流差动保护（87DCM）Ⅰ段动作；交流连接母线差动保护（87CH）A 相动作；上桥臂过流保护（50/51C）C 相Ⅰ段动作。

277. 柔性直流换流站低端换流器换流变压器阀侧单相接地故障时，保护如何动作？

极 1 低阀单换流器运行，阀侧 C 相接地短路故障时：直流差动保护（87DCM）Ⅰ段动作；交流连接母线差动保护（87CH）C 相动作；子模块平均值过压，阀控请求跳闸。

278. 柔性直流换流站高端换流器换流变压器阀侧三相短路故障时，保护如何动作？

双极四换流器运行（2000MW），阀侧三相短路接地故障时：上桥臂过流保护（50/51C）B 相Ⅰ段动作；上桥臂过流保护（50/51C）A 相Ⅰ段动作；交流连接母线差动保护（87CH）A 相动作；交流连接母线差动保护（87CH）B 相动作；交流连接母线差动保护（87CH）C 相动作；直流差动保护（87DCM）Ⅰ段动作；交流连接母线过流保护（50/51T）B 相Ⅰ

段动作；交流连接母线过流保护（50/51T）A 相 Ⅰ 段动作；交流连接母线过流保护（50/51T）C 相 Ⅰ 段动作；桥臂电流上升率越限，阀控请求跳闸；子模块平均值过压，阀控请求跳闸。

279. 柔性直流换流站低端换流器换流变压器阀侧三相短路故障时，保护如何动作？

双极四换流器运行（3000MW），阀侧三相短路接地故障时：下桥臂过流保护（50/51C）A 相 Ⅰ 段动作；直流差动保护（87DCM）Ⅰ 段动作；交流连接母线差动保护（87CH）A 相动作；交流连接母线差动保护（87CH）C 相动作；交流连接母线差动保护（87CH）B 相动作；交流连接母线过流保护（50/51T）A 相 Ⅰ 段动作；交流连接母线过流保护（50/51T）C 相 Ⅰ 段动作；交流连接母线过流保护（50/51T）B 相 Ⅰ 段动作。

280. 阀侧高压直流母线接地故障时，保护如何动作？有什么故障特征？

保护动作情况：

Y 桥阀短路保护（87SCY）动作（500μs）；D 桥阀短路保护（87SCD）动作（500μs）；直流差动保护（87DCM）Ⅰ 段动作（5ms）。

故障特征：

（1）IVY、IVD、IDCN 增大，相间存在短路，仅存在一个半波。

（2）IDCH 降低为零，与 IDCN 之间存在差流。

（3）UDCH 降低为 0。

（4）判断在平波电抗器左边还是右边可以判断直流电压的振荡情况。

281. 直流线路侧高压直流母线接地故障时，保护如何动作？有什么故障特征？

保护动作情况：

极母线差动保护（87HV）Ⅰ 动作（7ms）；对站线路行波保护（WFPDL）动作。

故障特征：

（1）IDCH、直流线路电流（IDLH）之间存在差流。IDLH 降低、IDCH 增大。

（2）UDCH 跌落至 0。

282. 中性母线接地故障时，保护如何动作？有什么故障特征？

保护动作情况：

中性母线差动保护（87LV）Ⅰ 段动作（30ms）；直流后备差动保护（87DCB）Ⅰ 段动作（60ms）。

故障特征：

IDCN、IDLN之间存在差流。IDLN降低。

283. 接地极母线接地故障时，保护如何动作？有什么故障特征？

保护动作情况：

接地极母线差动（87EB）动作（600ms）。

故障特征：

IDLN与接地极电流（IDEE）和高速接地开关电流（IDSG）之间存在差流。

284. 汇流母线接地故障时，在不同条件下，保护如何动作（至少列举四种情况）？

（1）汇流母线高阻接地故障，双极四换流器运行，800MW，至昆北侧汇流母线高阻接地故障。

保护动作情况：昆柳线路保护，汇流母线差动保护Ⅱ段（87DCB）动作；柳龙线路保护，汇流母线差动保护Ⅱ段（87DCB）动作。

（2）汇流母线接地故障，双极四换流器运行，8000MW，柳州换流站极1至昆北汇流母线故障。

保护动作情况：昆柳线路保护，汇流母线差动保护Ⅰ段（87DCB）动作；柳龙线路保护，汇流母线差动保护Ⅰ段（87DCB）动作；昆柳线路保护，汇流母线差动保护Ⅱ段（87DCB）动作；柳龙线路保护，汇流母线差动保护Ⅱ段（87DCB）动作（昆北、龙门直流线路保护，系统金属性接地故障启动移相）。

（3）汇流母线接地故障，600MW双极三换流器运行，极1至龙门侧汇流母线短路。

保护动作情况：昆柳线路保护，汇流母线差动保护Ⅰ段（87DCB）动作；柳龙线路保护，汇流母线差动保护Ⅰ段（87DCB）动作（昆北、龙门直流线路保护，系统金属性接地故障启动移相）。

（4）汇流母线接地故障，8000MW双极四换流器运行，极2至龙门汇流母线故障，70%。

保护动作情况：昆柳线路保护，汇流母线差动保护Ⅰ段（87DCB）动作；柳龙线路保护，汇流母线差动保护Ⅰ段（87DCB）动作；昆柳线路保护，汇流母线差动保护Ⅱ段（87DCB）动作；柳龙线路保护，汇流母线差动保护Ⅱ段（87DCB）动作（昆北站行波保护Ⅱ段满足判据，系统金属性接地故障启动移相，龙门站无保护动作）。